AF532508

Dr. Jens-Uwe Meyer

Die KI-Roadmap

Künstliche Intelligenz im Unternehmen erfolgreich nutzen

BusinessVillage

Dr. Jens-Uwe Meyer
Die KI-Roadmap
Künstliche Intelligenz im Unternehmen erfolgreich nutzen
1. Auflage 2023

Bestellnummern
ISBN 978-3-86980-725-6 (Druckausgabe)
ISBN 978-3-86980-726-3 (E-Book)
ISBN 978-3-86980-727-0 (E-Book)
Direktbezug www.BusinessVillage.de, PB-1184

Bezugs- und Verlagsanschrift
BusinessVillage GmbH
Reinhäuser Landstraße 22
37083 Göttingen
Telefon: +49 (0)5 51 20 99-1 00 Fax: +49 (0)5 51 20 99-1 05
E-Mail: info@businessvillage.de Web: www.businessvillage.de

Layout und Satz | Sabine Kempke

Illustration | Nadim Mahmud Sujon

Zeichnungen | Sebastian Schröder

Druck und Bindung | www.booksfactory.de

Inhalt

Über den Autor ... 9

Die digitale Playbox – Downloads zum Buch ... 10

1. Willkommen im Zeitalter der künstlichen Intelligenz ... 11
1.1 Digitale Disruption 2.0 ... 14
1.2 Künstliche Intelligenz – Segen oder Fluch? ... 19
1.3 VUCA, BANI, RUPT & TUNA ... 21
1.4 KIRA – Synonym für künstliche Intelligenz aus strategischer Sicht ... 24
1.5 Zehn Gründe, warum KIRA Ihr Unternehmen verändern wird ... 27
1.6 Fast Disruption – was heute anders ist als 2020 ... 49

2. Ihre KI-Roadmap ... 53
2.1 Ihre KI-Roadmap: Das Navigationssystem für Ihre Zukunftsstrategie ... 57
2.2 So arbeiten Sie mit Ihrer KI-Roadmap ... 75

3. Der Start: Analysieren Sie das KI-Potenzial Ihres Unternehmens ... 77
3.1 Analyse des Marktumfelds und der strategischen Herausforderungen ... 81
3.2 Analyse Ihrer strategischen Herausforderungen ... 84
3.3 Analyse Ihres Wertesystems ... 97
3.4 Analyse Ihrer Umsetzungsstrukturen ... 99
3.5 Analyse Ihrer Führung ... 101

3.6 Analyse Ihrer Ressourcen ... 103
3.7 Teamanalysen ... 105
3.8 Analyse der Anreizsysteme ... 108
3.9 Analyse der Kommunikation ... 110
3.10 Analyse der Risikokultur ... 114
3.11 Analyse des Arbeitsklimas ... 115
3.12 Fazit: Die KI-Potenzialanalyse ist die Grundlage Ihrer Strategie ... 117

4. Identifikation von Anwendungsfällen ... 119
4.1 So funktionieren KI-Templates ... 124
4.2 Das Fehlertemplate ... 126
4.3 Das Prognosetemplate ... 128
4.4 Das Beschleunigungstemplate ... 130
4.5 Das Individualisierungstemplate ... 132
4.6 Das Genauigkeitstemplate ... 134
4.7 Das Zufriedenheitstemplate ... 136
4.8 Das Entscheidungstemplate ... 138
4.9 Das Rentabilitätstemplate ... 140
4.10 Das Vereinfachungstemplate ... 142
4.11 Das Bedürfnistemplate ... 144
4.12 Fazit ... 146

5. Business-Case-Szenarien berechnen ... 149
5.1 Beispiel 1: Qualitätskontrolle in der Industrie ... 152
5.2 Beispiel 2: Vor- und Nachbereitung von Vertriebsterminen ... 156
5.3 Weitere Beispiele für Wertberechnungen ... 158
5.4 Die Entwicklung von Business-Case-Szenarien ... 160
5.5 Nicht-monetäre Kennzahlen ... 162
5.6 Priorisierung der Anwendungsfälle ... 163
5.7 Fazit ... 165

6. Vision und Ziele erarbeiten ... 167
6.1 Das große Ganze: Erarbeiten Sie Ihre Vision ... 169
6.2 Von der Vision zum Ziel ... 172

7. Teams aufbauen und befähigen ... 177
7.1 Die sieben Rollen im Projektteam ... 180
7.2 Welches Wissen KI-Teams benötigen ... 184

8. Proof of Concept ... 187
8.1 Wählen Sie den für Sie am besten geeigneten Ansatz ... 190
8.2 So entwickeln Sie Ihren Prototyp Schritt für Schritt ... 199
8.3 Der Prozess: Iterationsschleifen ... 207
8.4 Die Organisation: Das Innovation Greenhouse ... 211
8.5 Die Skalierung Ihres KI-Prototypen: Ein Leitfaden ... 213

9. Umsetzungsbarrieren abbauen 215
9.1 Abbau von kulturellen Barrieren 219
9.2 Abbau von organisatorischen Barrieren 220
9.3 Abbau von Wissensbarrieren 224
9.4 Aufbau neuer Jobprofile 226
9.5 Was ist schwieriger zu bewältigen? Die technische oder die kulturelle Revolution? 229

10. Fazit 231
10.1 Fachliches Fazit 233
10.2 Persönliches Fazit 234

Literaturliste 237

Über den Autor

Kontakt

Web: www.innolytics.de | www.jens-uwe-meyer.de

E-Mail: meyer@innolytics.de

Dr. Jens-Uwe Meyer gehört zu den bekanntesten und einflussreichsten Vordenkern für Innovation, Digitalisierung und künstliche Intelligenz. Er ist Vorstandsvorsitzender der Innolytics AG. Das Unternehmen entwickelt ein digitales Betriebssystem für zukunftsorientierte innovative Unternehmensführung.

Im Verlag BusinessVillage sind unter anderem seine Bücher »Digitale Disruption«, »Digitale Gewinner« und »reset – Wie sich Unternehmen und Organisationen neu erfinden« erschienen. Dr. Jens-Uwe Meyer hat über die Innovationsfähigkeit von Unternehmen promoviert und mehr als dreihundert Unternehmen beraten. Er hält jährlich mehr als fünfzig Vorträge weltweit.

Die digitale Playbox – Downloads zum Buch

In der digitalen Playbox finden Sie eine kostenlose Version der KI-Potenzialanalyse. Erfahren Sie, welche Herausforderungen Ihres Teams, Ihrer Abteilung beziehungsweise Ihres Unternehmens durch eine KI gelöst werden können.

ki-roadmap.de

I.

Willkommen im Zeitalter der künstlichen Intelligenz

Ein neues Zeitalter ist angebrochen – das Zeitalter der künstlichen Intelligenz (KI). Ist das übertrieben? Nein. Künstliche Intelligenz verändert die Art und Weise, wie Unternehmen arbeiten. Die Entwicklung der künstlichen Intelligenz ist die Weiterentwicklung der digitalen Transformation – nur noch schneller und noch radikaler als das, was wir bislang gesehen haben. Digitale Transformation hat die Wirtschaft aus dem Papierzeitalter in die digitale Ära gebracht. Künstliche Intelligenz wird diese Entwicklung auf eine neue Stufe bringen.

»Künstliche Intelligenz wird die Arbeit von Unternehmen radikal verändern. Und bietet bislang ungeahnte neue Chancen.«

Routinetätigkeiten, die früher viel Zeit und Ressourcen in Anspruch nahmen, werden in Zukunft von intelligenten Systemen effizient erledigt werden. Wir werden wie selbstverständlich in die Zukunft blicken und wichtige Entscheidungen der KI überlassen. Generative KI wie ChatGPT wird Branchen radikal verändern.

In diesem Buch werde ich Ihnen die Chancen aufzeigen, die sich daraus für Unternehmen, für Abteilungen und für Sie selbst ergeben. Mit der KI-Roadmap lernen Sie ein methodisch strukturiertes Vorgehen kennen, mit dem Sie anhand konkreter Herausforderungen und Anwendungsfälle die Potenziale künstlicher Intelligenz erkennen und nutzen können.

KI-Roadmap – Die sieben Schritte Ihrer KI-Strategie

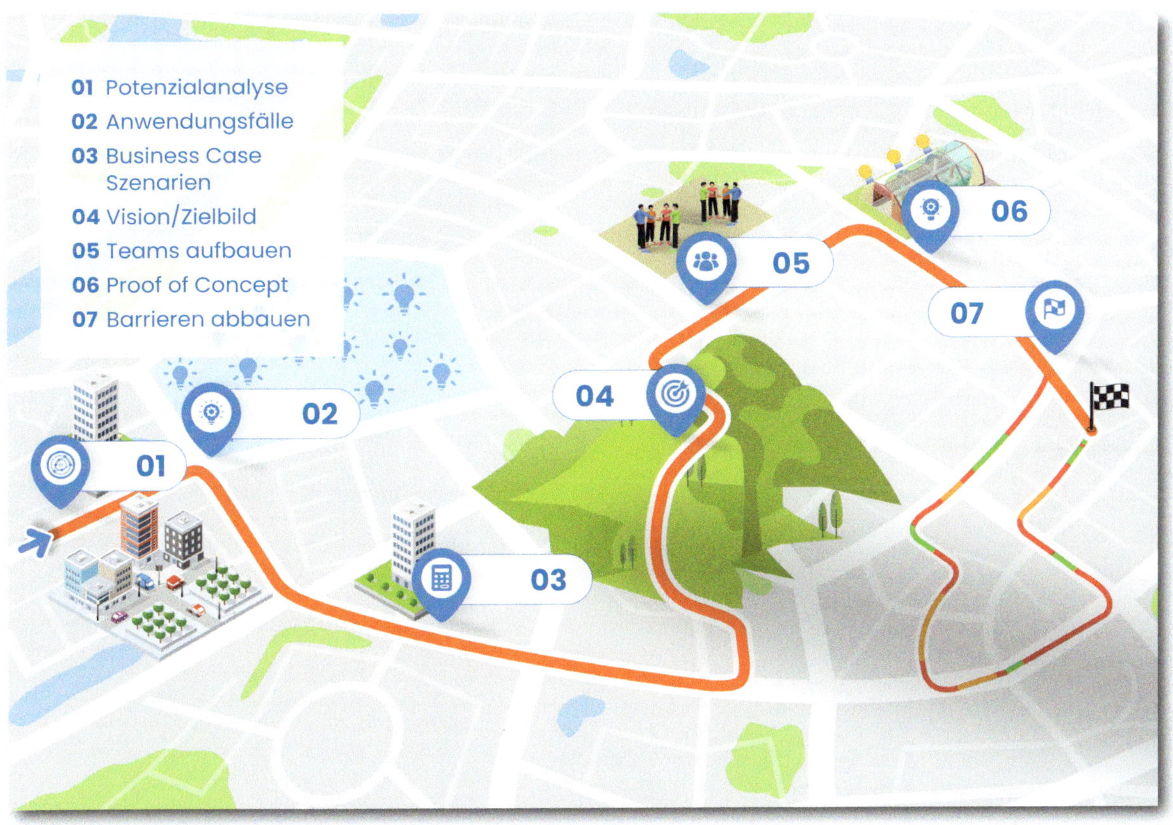

1.1 Digitale Disruption 2.0

2016 habe ich mein Buch »Digitale Disruption« veröffentlicht. Ich habe die Auswirkungen der Digitalisierung auf verschiedene Branchen beschrieben sowie die Prinzipien, nach denen sich Märkte verändern:

- Zielgruppe eins: Die Individualisierung von Angeboten und Dienstleistungen;
- Glaskugel 3.0: Vorhersagen auf Basis von Daten;
- Kompetenzstandardisierung: Die Automatisierung von Tätigkeiten, die bislang von Menschen erledigt wurden;
- Radikale Effizienzsteigerung: Der exponentielle Anstieg der Produktivität.

Diese Prinzipien sind aktueller denn je. Durch die schnellen Fortschritte bei der Entwicklung von künstlicher Intelligenz werden Angebote und Dienstleistungen noch individualisierter, Prognosen werden noch genauer, menschliche Kompetenzen noch schneller ersetzt und die Effizienz noch drastischer erhöht.

Satya Nadella, CEO Microsoft, sagte am 21. September 2023 bei der Ankündigung des Copilot: »Führungskräfte haben jetzt ein neues Werkzeug, um ihre Geschäftsprozesse neu zu gestalten, zu vereinfachen und zu optimieren, sei es im Vertrieb, im Marketing, im Finanzwesen, im Kundendienst und in anderen Bereichen.«

Mit der Einführung des Copilot hat Microsoft im September 2023 KI in allen Produkten verfügbar gemacht – nur zehn Monate nachdem ChatGPT veröffentlicht wurde. Das ist der Beginn einer neuen Ära. Künstliche Intelligenz ist keine Theorie mehr. Die Werkzeuge sind für alle verfügbar. Jetzt geht es darum, Unternehmen in diese neue Ära zu führen.

Beispiel 1: Wo ist Ihr Übersetzer geblieben?
Können Sie sich noch an die Zeit erinnern, in der Sie Texte zum Übersetzen in Auftrag gegeben haben? Oder sich mit einem Wörterbuch hingesetzt und selbst übersetzt haben? Heute ist es für uns eine Selbstverständlichkeit, dass wir maschinelle Übersetzung nutzen.

Beispiel 2: Schreiben Sie noch selbst?
Würden Sie heute noch das Seminar »Pressemitteilungen formulieren für Anfänger« besuchen? Warum selbst schreiben, wenn eine generative KI den Job in Sekunden erledigt? Auch am Wochenende. Oder morgens um 4 Uhr.

Beispiel 3: Wem glauben Sie?
Sie sind bei Ihrer Ärztin. Bei der Auswertung des Röntgenbilds meldet das KI-Diagnostiktool Auffälligkeiten. Ihre Ärztin sagt: »Da ist nichts.« Wem vertrauen Sie? Und wem vertraut Ihre Ärztin? Ihrer eigenen Expertise? Oder der KI-gestützten Diagnose?

Möglicherweise werden Sie sagen: »Unsere Branche betrifft das nicht.« Doch das stimmt nicht. Künstliche Intelligenz wird alle Branchen und alle heutigen Berufsbilder verändern. Ich möchte Ihnen drei Beispiele nennen.

»KI ermöglicht die Entwicklung völlig neuer Ablaufprozesse und Geschäftsmodelle, die etablierte Branchen grundlegend verändern werden.«

KI in der Landwirtschaft

KI wird Landwirtschaft in den nächsten Jahren radikal verändern. Nicht die Produkte selbst, sondern die Art, wie sie entstehen.

Präzisionslandwirtschaft

KI ermöglicht eine präzisere Bewirtschaftung von Ackerflächen. Mithilfe von Drohnen und Sensoren können Landwirte Daten über Bodenqualität, Feuchtigkeit und Pflanzengesundheit sammeln. Die KI kann diese Daten analysieren und dem Landwirt präzise Empfehlungen geben, wie viel Dünger oder Wasser in den einzelnen Bereichen des Feldes benötigt werden, um den Ertrag zu optimieren.

Automatisierung von Aufgaben

KI-gesteuerte Roboter und Maschinen können viele manuelle Tätigkeiten auf dem Bauernhof übernehmen. Sie können Unkraut jäten, ernten, düngen und Pflanzen überwachen. Das spart nicht nur Zeit und Arbeitskraft, sondern ermöglicht es dem Landwirt auch, sich auf strategische Entscheidungen zu konzentrieren.

Tiergesundheit und -überwachung

KI kann dazu beitragen, die Gesundheit und das Wohlbefinden von Nutztieren zu überwachen. Mithilfe von Sensoren können wichtige Gesundheitsindikatoren wie Bewegungsmuster, Futteraufnahme und Temperatur erfasst werden. Abweichungen von normalen Mustern können frühzeitig erkannt werden, sodass der Landwirt rechtzeitig eingreifen kann.

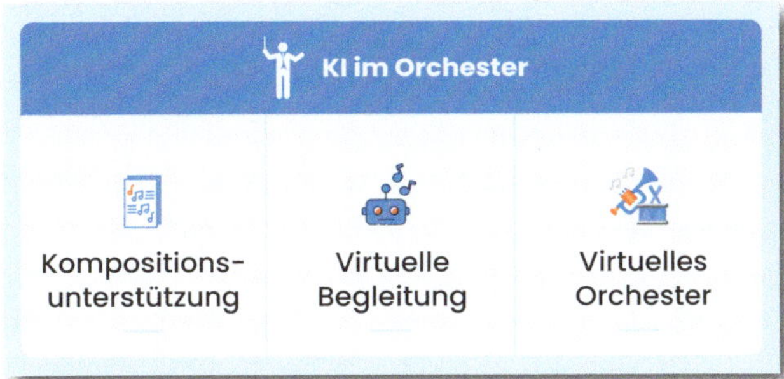

KI im Symphonieorchester

Künstliche Intelligenz hat das Potenzial, unser Verständnis von dem, was Kunst ist und wie Kunst entsteht, grundlegend zu verändern. Bach, Beethoven, Mozart, Wagner und Vivaldi werden nicht verschwinden. Aber die Arbeit eines Symphonieorchesters wird durch KI neu definiert werden.

Kompositionsunterstützung

KI kann bei der Komposition neuer Musikstücke oder Arrangements helfen. Basierend auf großen Datenmengen früherer Kompositionen kann KI kreative Ideen und Harmonien vorschlagen, die als Inspiration für Komponisten dienen können. Muss man nicht mögen, geht aber …

Begleitung und Orchesterersatz

KI kann helfen, virtuelle Begleitungen zu erstellen oder ein ganzes Orchester zu simulieren. Dies ermöglicht es Musikern, ohne ein ganzes Ensemble aufzutreten, und eröffnet neue Möglichkeiten für Soloauftritte.

Interaktive Aufführung

KI kann interaktive Musikinstallationen oder Roboterorchester schaffen, die mit den Musikern interagieren und ein einzigartiges Aufführungserlebnis bieten.

KI hat das Potenzial, klassische Musik neu zu erfinden. Und sogar eine neue Kunstform zu erschaffen.

KI in der Sozialarbeit

Wenn Sie im Bekannten- und Kollegenkreis fragen, welche Jobs durch KI nicht verändert werden, werden meistens die Berufe »Sozialarbeit« oder »Psychotherapie« genannt. Also Jobs, die ein Höchstmaß an Empathie und Einfühlungsvermögen erfordern. Ist damit die Wette gewonnen? Hat KI wirklich keinen Einfluss auf die Sozialarbeit? Doch. In diesen Bereichen.

Früherkennung und Prävention

Durch die Analyse von Daten kann KI Risikofaktoren und Warnsignale identifizieren, die auf potenzielle Herausforderungen hinweisen. Sozialarbeiter können diese Informationen nutzen, um präventive Maßnahmen zu ergreifen und Krisen vorzubeugen.

Kommunikation und Interaktion

KI-gesteuerte Chatbots und virtuelle Assistenten können als erste Anlaufstelle für Anfragen und Informationen dienen. Sie können grundlegende Fragen beantworten und Ratschläge geben, wodurch die Verfügbarkeit und Zugänglichkeit von Unterstützungsdiensten verbessert wird.

Effizienzsteigerung

Durch die Automatisierung sich wiederholender Aufgaben wie Datenverwaltung und Terminvereinbarung können Sozialarbeiter mehr Zeit für die persönliche Betreuung, Beratung und Unterstützung ihrer Klienten aufwenden.

Fazit: KI verändert alle Branchen und alle Unternehmen

Egal, ob Sie im Gesundheitswesen, dem Finanzsektor, dem verarbeitende Gewerbe, dem Bildungssektor oder im Einzelhandel tätig sind. KI wird Ihr Unternehmen und Ihre Branche verändern. Unternehmen, die die Chancen erkennen und die Implementierung von KI vorantreiben, werden in der Lage sein, innovative Lösungen zu entwickeln, die auch in Zukunft den Bedürfnissen ihrer Kunden entsprechen und ihre Position stärken. Unternehmen, die das Potenzial von KI ignorieren, laufen Gefahr, den Anschluss zu verlieren und von disruptiven Unternehmen überholt zu werden. Die Integration von KI in die Unternehmensstrategie ist ein entscheidender Schritt für den Erfolg in einer zunehmend technologiegetriebenen Welt. Genau das ist das Ziel dieses Buchs: Sie dabei zu unterstützen, für sich und Ihr Unternehmen den bestmöglichen Nutzen aus den Entwicklungen der KI zu finden. Und die Chancen effektiv zu nutzen.

1.2 Künstliche Intelligenz – Segen oder Fluch?

Hier sind einige Aussagen über künstliche Intelligenz. Welche stimmen? Welche sind falsch?

»Künstliche Intelligenz …

… vernichtet Jobs.«

… wird Arbeitsplätze schaffen.«

… macht ganze Branchen überflüssig.«

… schafft neue Industrien.«

… wird Unternehmen vom Markt verdrängen.«

… wird Unternehmen schaffen.«

… macht Management schwieriger.«

… macht Management einfacher.«

… macht uns klüger.«

… sorgt dafür, dass wir nur noch im Modus Autopilot denken.«

… schafft neue Monopole.«

… lässt bestehende Monopole bröckeln.«

Welche dieser Aussagen treffen zu? Die Antwort: alle. Künstliche Intelligenz ist gut und schlecht zugleich.

In den nächsten Monaten und Jahren werden wir immer wieder Schlagzeilen wie diese lesen.

»Der Job-Kahlschlag droht: Experten warnen vor einem drastischen Wandel auf dem Arbeitsmarkt. Viele manuelle Tätigkeiten, die bisher von Menschen ausgeführt wurden, werden von intelligenten Maschinen übernommen. Massenarbeitslosigkeit ist die Folge!«

BILD-Chefredakteurin Marion Horn und BILD-Geschäftsführer Claudius Senst begründeten den Abbau von zweihundert Stellen mit diesen Worten: »Wir müssen uns leider auch von Kolleginnen und Kollegen trennen, deren Aufgaben in der digitalen Welt durch KI und/oder Prozesse ersetzt werden oder die sich mit ihren bisherigen Fähigkeiten in dieser neuen Aufstellung nicht wiederfinden.«

»Wir stehen am Beginn eines neuen Zeitalters, in dem die Welt nicht mehr einfach zu verstehen ist. Alles wird komplexer und vielschichtiger.«

Man kann die Zukunft aber auch ganz anders beschreiben: »Die Technik schafft neue Möglichkeiten! Visionäre versprechen eine goldene Zukunft der Arbeit, in der Menschen Hand in Hand mit KI-Systemen arbeiten. Kreativität und Innovationsgeist stehen im Vordergrund, denn die Mensch-Maschine-Kollaboration verspricht ungeahnte Chancen.«

So schreibt die Deutsche Gesellschaft für Internationale Zusammenarbeit: »Künstliche Intelligenz (KI) ist einer der wichtigsten Wachstumsmärkte. Schätzungen zufolge wird sie bis 2030 einen Beitrag von 15,7 Billionen US-Dollar zur Weltwirtschaft leisten, was mehr als 75 Prozent des jährlichen Bruttoinlandsprodukts der USA entspricht.«

1.3 VUCA, BANI, RUPT & TUNA

Wenn Märkte im Umbruch sind, kommen erfinderische Beratungsinstitute schnell auf die Idee, ein Kunstwort zu kreieren? Für die Zeit, in der wir leben, gibt es gleich vier: VUCA, BANI, RUPT und TUNA. Das VUCA-Konzept ist das bekannteste.

Die VUCA-Welt steht für eine Zeit, in der alles schnell und unvorhersehbar passiert. VUCA steht für Volatilität, Unsicherheit, Komplexität und Mehrdeutigkeit. Das bedeu-

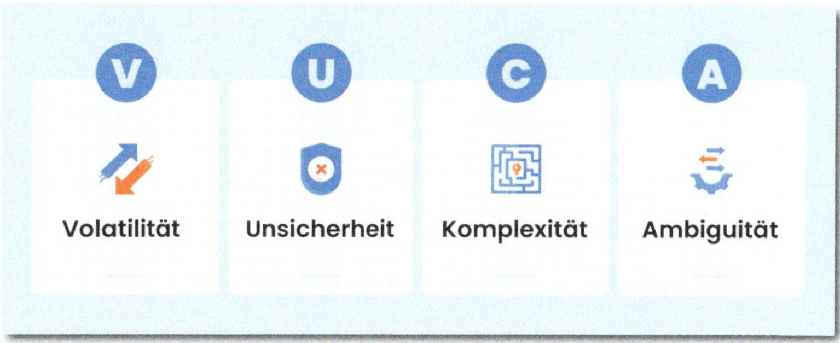

tet, dass sich die Dinge schnell ändern, dass wir oft nicht wissen, was als nächstes passiert, und dass alles immer komplizierter und unübersichtlicher wird.

Das BANI-Konzept, entwickelt vom Futuristen Jamais Cascio, kann als Steigerung von VUCA bezeichnet werden. BANI steht für »Brittle« (brüchig), »Anxious« (ängstlich), »Nonlinear« (nicht-linear) und »Incomprehensible« (unverständlich).

B
Brittle
(brüchig)

A
Anxious
(ängstlich)

N
Nonlinear
(nicht-linear)

I
Incomprehensible
(unverständlich)

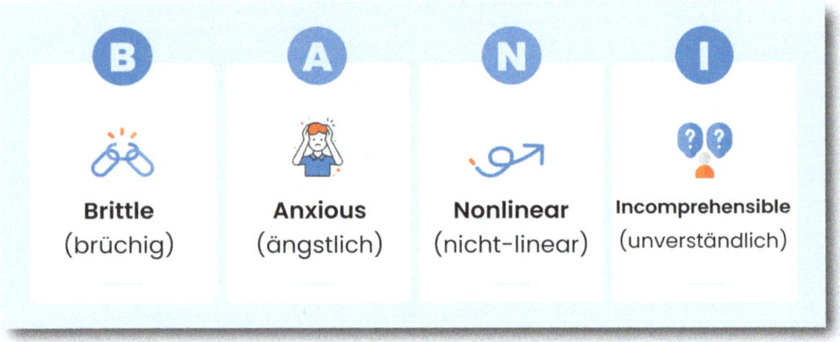

»Brüchig« bedeutet, dass Systeme und Strukturen, die bisher stabil waren, nun leicht zusammenbrechen können. Die Welt ist so vernetzt, dass kleine Veränderungen große Auswirkungen haben können. Wir müssen widerstandsfähig und flexibel sein, um mit unerwarteten Brüchen umgehen zu können.

»Ängstlich« beschreibt die zunehmende Unsicherheit und Besorgnis in der modernen Gesellschaft. Neue Technologien, politische Entwicklungen und globale Probleme können Ängste auslösen. Es ist wichtig, diese Ängste zu erkennen und nachhaltige Lösungen zu finden, um das Vertrauen in die Zukunft wiederherzustellen.

»Nicht-linear« weist darauf hin, dass die heutige Welt in einem komplexen, nicht-linearen Muster funktioniert. Ursache und Wirkung sind oft nicht leicht vorhersehbar, was eine ganzheitliche Sichtweise und einen flexiblen Ansatz erfordert.

»Unverständlich« bezieht sich auf die Informationsflut und die Schwierigkeit, das Gesamtbild zu erfassen. Die moderne Welt kann verwirrend und undurchschaubar sein. Daher ist es wichtig, Informationen kritisch zu hinterfragen und Wege zu finden, Zusammenhänge besser zu verstehen.

Eine sich schnell verändernde Welt erfordert Unternehmen und Beschäftigte, die diese Veränderungen als Chance begreifen und die bereit sind, sich selbst noch schneller als bisher anzupassen.

Kann man künstliche Intelligenz wirklich verstehen?

Dass selbst Technologiekonzerne künstliche Intelligenz nicht vollkommen verstehen, gibt Google CEO Sundar Pichai in einem Interview mit dem US TV-Magazin »60 Minutes« zu. Er nennt es unerwartet auftauchende Eigenschaften: Systeme bringen sich Dinge bei, von denen niemand dachte, dass sie es jemals beherrschen würden. Ein Google Artificial-Intelligence-Modell (AI-Modell) kommunizierte plötzlich in Bengali, der Sprache von Bangladesch. Niemand verstand, wie das geschehen konnte.

Und als wäre das nicht genug, kommen jetzt auch noch RUPT und TUNA. RUPT (Rapid, Unpredictable, Paradoxical and Tangled), entwickelt vom Center for Creative Leadership in den USA, steht für Rapid (schnell), Unpredictable (unvorhersehbar), Paradoxical (paradox) und Tangled (verworren). Und an der Oxford-University hieß das auch schon einmal TUNA: Turbulent, Uncertain, Novel, Ambiguous.

Im Prinzip geht es immer um das Gleiche: Die Welt wird unsicherer und sie verändert sich immer schneller. Punkt. Eine fragile Welt, die von Unruhe geprägt ist, in der Ursache und Wirkung manchmal nicht in Zusammenhang gebracht werden können und die schwer zu verstehen ist. In dieser Welt verändern sich die Erfolgsmechanismen.

In diesem Buch geht es nicht um eine Debatte darüber, ob BANI oder VUCA, TUNA oder RUPT das beste Konzept ist. Es geht darum, wie Sie es schaffen, diese Herausforderungen als Chancen zu begreifen, indem Sie sich innovative, kollaborative Lösungsansätze entwickeln. Ich möchte Sie ermutigen, mit Unsicherheit umzugehen und der Zukunft mit Offenheit, Kreativität und Anpassungsfähigkeit zu begegnen.

Egal welches Konzept Sie am überzeugendsten finden: Durch die Anwendung dieser Prinzipien können Sie besser auf die Anforderungen der modernen Welt reagieren und eine widerstandsfähigere und nachhaltigere Zukunft Ihres Unternehmens gestalten.

1.4 KIRA – Synonym für künstliche Intelligenz aus strategischer Sicht

Diskussionen über den Einsatz von künstlicher Intelligenz in Unternehmen werden häufig auf einer rein technischen Ebene geführt.

»Ist das echte KI?«
»Sprechen wir von maschinellem Lernen oder handelt es sich nur um einfache Algorithmen zur Automatisierung?«

Diese Fragen sind wichtig, wenn es darum geht, einen Prototyp (Schritt 6 der KI-Roadmap auf Seite 13) oder eine funktionierende, skalierbare Lösung zu entwickeln. Aus strategischer Sicht sind sie es jedoch nicht. Um beispielsweise einen bestimmten Prozess im Unternehmen zu automatisieren, kann sowohl ein regelbasierter Algorithmus als auch eine RPA-Lösung (Robot Process Automation) oder eine Lösung mit Machine-Learning-Fähigkeiten eingesetzt werden. Häufig ist der erste – der regelbasierte Algorithmus – sogar die Voraussetzung für die Schaffung einer künstlichen Intelligenz.

Beispiel: Regelbasierte KI

Nehmen wir als Beispiel die KI-Potenzialanalyse, die Sie in der digitalen Playbox als kostenlose Version finden. Ist das künstliche Intelligenz? KI-Entwickler würden sagen: »Nein, das ist regelbasiert und keine echte KI.« Und das stimmt. Rein technisch gesehen. Aber aus strategischer Sicht ist das völlig unerheblich. Denn die regelbasierte Analyse schafft in diesem Fall den gleichen Mehrwert. Mehr noch: Sie spart monatelange Beratungsprojekte.

In diesem Buch wird künstliche Intelligenz aus einer rein strategischen Perspektive betrachtet. Dies erlaubt es, den Begriff KI etwas weiter zu fassen: Aus strategischer Sicht umfasst KI alle Lösungen, die – ob regelbasiert oder selbstlernend – bisher manuell ausgeführte Tätigkeiten automatisieren. Das erfordert einen Perspektivenwechsel. Künstliche Intelligenz wird als ein Werkzeug genauso betrachtet als würde Ihr Unternehmen eine neue Maschine oder eine neue Software einführen.

- Welche konkreten Herausforderungen werden gelöst?
- Welche konkreten Anwendungsfälle können wir realisieren?
- Welche finanziellen Vorteile hat unser Unternehmen davon?

TECHNOLOGISCHE PERSPEKTIVE
KI
KI-
Technologie
Datenmodell
Datenerhebung
STRATEGISCHE PERSPEKTIVE
Heraus-
forderungen
Anwendugs-
fälle
€
Return on
Investment

»Am einfachsten können Sie sich künstliche Intelligenz als Ihre neue Kollegin KIRA vorstellen. KIRA steht für künstliche Intelligenz, Robotik und Automation.«

1.5 Zehn Gründe, warum KIRA Ihr Unternehmen verändern wird

KIRA, willkommen im Team! Um zu erkennen, für welche Veränderungen künstliche Intelligenz, Robotik und Automatisierung in den nächsten Jahren führen werden, stellen Sie sich bitte kurz vor, die neue Kollegin KIRA würde bei Ihnen beginnen. Die ersten Fragen, die Sie jeder neuen Mitarbeiterin und jedem neuen Mitarbeiter stellen, lauten: »Was können Sie?« »Wie können wir Sie bestmöglich einsetzen?« Dieser Frage gehen wir in diesem Kapitel auf den Grund: »KIRA, was kannst du besser als wir?«

KIRA steigert die Effizienz drastisch

Hand aufs Herz: Wenn Ihnen jemand – unabhängig davon, ob das Etikett künstliche Intelligenz draufsteht oder nicht – etwas verkaufen möchte, das

- bis zu hundert Mal schneller als das Bestehende ist,
- nur einen Bruchteil der Fehler macht
- und nur ein Fünfzigstel kostet,

würden Sie zuhören? Spielen Sie diesen Gedanken einmal durch.

- Eine Brotbackmaschine, die nicht hundert Brötchen, sondern zehntausend in der Stunde produziert.
- Statt 3 Prozent Ausschuss haben Sie nur 0,03 Prozent.
- Und sie kostet nicht 20.000 Euro, sondern 200 Euro.

Bei einer Brotbackmaschine würden Sie sich fragen: Wo ist der Haken an der Sache? Das Angebot ist zu gut, um wahr zu sein. Bei künstlicher Intelligenz nicht. Dort sind diese Performancesteigerungen Standard.

Was kann Ihre neue Kollegin KIRA?

KIRA kann bestimmte Aufgaben viel besser und schneller erledigen als der Mensch. Der Leistungsunterschied ist in diesen Bereichen so groß, dass der Mensch gar nicht erst versuchen sollte, in diesen Bereichen zu konkurrieren. Das wäre so, als würde man nach der Erfindung des Flugzeugs versuchen, das Reisen mit der Postkutsche beizubehalten. Die Frage ist also nicht, ob KIRA Ihr Unternehmen verändern wird, sondern wann und wie.

Hier sind zehn Gründe, warum künstliche Intelligenz, Robotik und Automatisierung Ihr Business verändern werden:

10 Dinge, die KIRA für Ihr Unternehmen wertvoll machen

Beschleunigt Ihr Business radikal

Kann in die Zukunft blicken

Erkennt Fehler schneller und genauer

Stellt sich perfekt auf Individuen ein

Kann vieles gleichzeitig erledigen

Kennt Antworten auf alle Fragen

Kennt weder Feierabend noch Urlaub

Löst Probleme schneller

Ist unemotional und unvoreingenommen

Ist teilweise kreativer als der Mensch

I. KIRA bringt den Faktor 100plus ins Business

Geben Sie einer Person folgenden Auftrag: »Bitte erstellen Sie mir eine Übersicht über sämtliche Verträge, die wir abgeschlossen haben. Listen Sie sie nach Kündigungsfrist auf.« Wie lange würde diese Person benötigen? Wenn sie fünfzig Verträge zusammensuchen und miteinander vergleichen muss, wahrscheinlich eine Woche.

Ihre Kollegin KIRA hingegen kann Verträge in Textform analysieren und relevante Informationen extrahieren. Dadurch können wichtige Daten wie Laufzeiten, Bedingungen und Vertragsstrafen schneller erfasst und organisiert werden. Und zwar innerhalb von wenigen Sekunden.

Künstliche Intelligenz beschleunigt Prozesse und Verfahren in Unternehmen in einer nie zuvor gekannten Dimension. Eine exponentielle Effizienzsteigerung um den Faktor 100 und mehr.

»Rückblickend werden wir in einigen Jahren sagen: ›Haben wir solche Aufgaben früher wirklich manuell erledigt?‹«

2. KIRA erkennt Fehler schneller, zuverlässiger und effizienter

Auch in diesem Bereich hat Ihre neue Kollegin ihre Stärken: KIRA schützt Maschinen, Anlagen und Software vor bösen Überraschungen.

In der Industrie kann KIRA den Zustand von Maschinen in Echtzeit überwachen und mögliche Probleme oder Ausfälle frühzeitig erkennen. Die Folgen: Weniger Ausfallzeiten, weniger unnötige Kosten.

KI ist dem Menschen hier klar überlegen. 1956 entdeckte George A. Miller ein faszinierendes Phänomen – die Millersche Zahl. Unser Kurzzeitgedächtnis kann nur 7 ± 2 Informationen gleichzeitig aufnehmen. Egal wie viel wir trainieren, die Größe unseres Gehirns ist genetisch festgelegt.

Millers bahnbrechender Artikel »The Magical Number Seven, Plus or Minus Two: Some Limits on Our Capacity for Processing Information« gehört zu den meistzitierten Arbeiten in der Psychologie.

»Wenn es um Fehlererkennung und -prognosen geht, ist uns künstliche Intelligenz deutlich überlegen.«

3. KIRA erledigt tausend Dinge auf einmal

Können Menschen Multitasking? Gleichzeitig telefonieren, eine WhatsApp schreiben und unsere Aufgabenliste abhaken – kein Problem. Vielleicht noch nebenbei einem Teams Meeting folgen. Aber dann ist die Grenze irgendwann erreicht.

KIRA hingegen kann mehrere Aufgaben gleichzeitig bearbeiten, während der Mensch bei der parallelen Verarbeitung oft an seine Grenzen stößt.

KIRA kann gleichzeitig riesige Datenmengen analysieren, komplexe mathematische Berechnungen durchführen, Sprachen übersetzen, Bilder erkennen und sogar autonomes Fahren beherrschen – und das alles ohne die geringsten Ermüdungserscheinungen.

Dank der Fähigkeit, viele Informationen in kürzester Zeit zu verarbeiten, bietet KIRA für Unternehmen unschätzbare Vorteile. Denn Prozesse, die bislang nacheinander abliefen, können jetzt parallel stattfinden.

Parallele Bestellungsaufnahme und Lagerüberwachung

Mithilfe von KI-gesteuerten Systemen können eingehende Bestellungen automatisch erfasst, überprüft und validiert werden, um sicherzustellen, dass alle erforderlichen Informationen vollständig und korrekt sind. Gleichzeitig kann das System den aktuellen Lagerbestand überwachen, um die Verfügbarkeit der bestellten Produkte zu prüfen und mögliche Engpässe rechtzeitig zu erkennen.

Parallele Suche nach Informationen

Eine Werbekampagne beginnt mit der Analyse der Zielgruppe. Mithilfe von KI können Sie gleichzeitig verschiedene Datenquellen wie soziale Medien, Online-

Suchanfragen und Kundendatenbanken durchsuchen, um detaillierte Informationen über die Zielgruppe zu erhalten.

Parallele Analysen in der Finanzabteilung

Bereits während der Buchhaltung und Datenverarbeitung kann die KI parallel dazu Finanzanalysen und -prognosen erstellen. Auf der Grundlage der verarbeiteten Buchhaltungsdaten kann KI Finanzkennzahlen berechnen, Trends erkennen und Finanzprognosen für das Unternehmen erstellen.

»Mit KI wird das Wort ›Wartezeit‹ zu einem Relikt; klassische Arbeitsabläufe, bei denen eine Aufgabe nach der anderen erledigt wird, gehören der Vergangenheit an.«

Die Fähigkeit von KIRA, Aufgaben parallel auszuführen, stellt die traditionelle lineare Arbeitsweise auf den Kopf und erfordert neue Organisationsstrukturen. Um das volle Potenzial der Technologie auszuschöpfen, brauchen Unternehmen Agilität und Anpassungsfähigkeit. Starre Hierarchien weichen flexiblen, vernetzten Teams, die mit KI-Systemen zusammenarbeiten.

4. KIRA kennt keinen Feierabend

Acht-Stunden-Tag? Urlaub? Wochenende frei? KIRA kennt das nicht. Sie ist unermüdlich, präzise und zuverlässig.

Hier ein Selbsttest

Sie möchten eine juristische Auskunft zu folgendem Thema: »Mein Hund hat den Postboten gebissen. Daraufhin hat der Postbote gedroht, mich anzuzeigen. Was ist das Schlimmste, was mir passieren kann?«

Weil Ihr Hund sich beim Beißen nicht an die Bürozeiten der örtlichen Anwaltskanzlei hält, ist der Vorfall am Samstagvormittag passiert. Was tun Sie?

a. Selbstverständlich bis zum Montag warten, meinen Anwalt kontaktieren und um eine Erstberatung für 180 Euro pro Stunde bitten,
b. eine rechtliche Soforteinschätzung per KI zum Nulltarif oder für wenige Cent erhalten.

Noch sind die Empfehlungen, die ChatGPT im Sommer 2023 gibt, recht allgemein:

»Schadenersatzansprüche: Der Postbote kann von Ihnen Schadenersatz für Arztkosten, Verdienstausfall oder andere durch den Vorfall verursachte Schäden verlangen.

Strafrechtliche Verfolgung: Abhängig von der Schwere des Vorfalls und den in Ihrer Region geltenden Gesetzen können Sie mit einer strafrechtlichen Verfolgung rechnen. Dies kann zu Geldstrafen oder sogar zu einer Gefängnisstrafe führen, insbesondere wenn grobe Fahrlässigkeit oder Vorsatz nachgewiesen werden kann.

Einschränkungen bei der Hundehaltung: Nach einem Zwischenfall mit einem Hund können Ihnen die Behörden bestimmte Auflagen für die Haltung Ihres Hundes machen, zum Beispiel Leinen- oder Maulkorbzwang oder andere Einschränkungen.«

Aber nicht vergessen: Wir stehen erst am Anfang einer Entwicklung. Im nächsten Abschnitt werfe ich einen Blick auf die Zukunft der Justiz.

Die Anwältin und der Unternehmensberater werden nicht aussterben, aber KIRA wird viele ihrer Standardtätigkeiten übernehmen. Dadurch können sich die Fachleute auf komplexere und wertvollere Aufgaben konzentrieren, die menschliches Fachwissen erfordern. Ihre Rolle im Beratungsprozess wird dadurch nicht weniger wichtig, sondern vielfältiger und anspruchsvoller.

»Rund um traditionelle Berufe wie Rechts- und Unternehmensberatung, Ernährungs- und Gesundheitsberatung, Bildungs- oder HR-Beratung werden in den kommenden Jahren neue digitale Angebote entstehen.«

5. KIRA ist objektiver als wir

Ist es eigentlich gerecht, wenn ein Urteil von der Persönlichkeit einer Richterin oder eines Richters abhängt? Ist es gerecht, wenn Geschädigte monate- oder sogar jahrelang bis zum Prozess warten müssen?

KI-gestützte Rechtsdatenbanken können eine riesige Menge an Rechtsinformationen in kürzester Zeit durchsuchen und relevante Fälle, Gesetze und Präzedenzfälle finden. Durch die Analyse historischer Gerichtsurteile kann KIRA Vorhersagen über den Ausgang eines Falls treffen. Diese Vorhersagen können Anwälten und Mandanten helfen, bessere und schnellere Entscheidungen zu treffen. Sie werden Gerichtsverfahren beschleunigen oder in Teilbereichen sogar überflüssig machen.

Welchen Weg würden Sie eher gehen? Sie akzeptieren ein Schlichtungsverfahren, das nach einer Analyse von Hunderten vergleichbaren Fällen vorschlägt, dem Postboten eine Entschädigung in Höhe von 250 Euro anzubieten. Oder Sie klagen, produzieren Anwaltskosten in Höhe von mehreren Hundert Euro, müssen unter Umständen auch noch die Rechtsberatung der Gegenseite zahlen und erhalten nach mehreren Monaten ein KI-gestütztes Urteil: die Zahlung einer Entschädigung in Höhe von 250 Euro.

Wenn man künstliche Intelligenz aus dieser Perspektive betrachtet, erscheint KI-gestützte Justiz plötzlich ganz selbstverständlich. Hundebiss am Samstag 15 Uhr. Schadensersatzforderung um 16 Uhr. Vergleichsvorschlag um 16 Uhr und zwei Sekunden. Beglichen mit Paypal um 16:05 Uhr. Warum gibt es das nicht schon lange?

6. KIRA erleichtert die Zukunftsplanung

Das Problem des Kerzenherstellers

Jedes Jahr hat der Kerzenhersteller »Glowing Creations« das gleiche Problem: Er weiß nicht, wie viel rote, blaue und weiße Kerzen er produzieren soll. Das Ergebnis: Mal produziert das Unternehmen zu viele rote, mal zu viele weiße Kerzen. Mal kommt eine Lieferung von weißen langen Kerzen zurück, mal eine von runden dicken.

Diese Problem kann KIRA lösen. In meinem Buch »Digitale Disruption« habe ich es das »Prinzip Glaskugel 3.0« genannt. KIRA ermöglicht es Glowing Creations, auf Basis von Absatzwahrscheinlichkeiten genau die Kerzen herzustellen, die mit hoher Wahrscheinlichkeit verkauft werden können.

Dank der Prognosen kann ein Lieferant seine Produktion besser auf die erwartete Nachfrage abstimmen, Überproduktion vermeiden und seine Ressourcen optimieren. KIRA berücksichtigt historische Verkaufsdaten, saisonale Trends und andere Faktoren, die die Nachfrage beeinflussen können. Anhand dieser Informationen kann KIRA vorhersagen, wie viele Kerzen ein Kunde voraussichtlich bestellen wird. Sie erhalten dann genaue Empfehlungen, wie viele Kerzen produziert werden sollten, um den Bedarf Ihrer Kunden zu decken, ohne unnötige Überschüsse zu produzieren.

KIRA kann Ihnen auch helfen, schnell auf Änderungen in der Nachfrage zu reagieren. Wenn Ihr Kunde plötzlich mehr Kerzen benötigt, kann die KIRA dies frühzeitig erkennen und Sie rechtzeitig informieren, damit Sie Ihre Produktion entsprechend anpassen können.

7. KIRA stellt sich perfekt auf Individuen ein

Bisher haben wir soziale Fähigkeiten vor allem dem Menschen zugeschrieben. KI-Anwendungen haben wir dagegen eher als technische Hilfsmittel angesehen: Unemotional, datenbesessen und als Gesprächspartner so inspirierend wie ein Telefonbuch.

Das ist falsch. Der israelische Intellektuelle Yuval Noah Harari zeigt in seinem wegweisenden Vortrag »AI and the future of humanity« (einfach den Titel auf YouTube eingeben) eine Fähigkeit der KI auf, die wir derzeit massiv unterschätzen: Die Fähigkeit, menschliche Beziehungen zu pflegen und zu gestalten. Dadurch kann künstliche Intelligenz sehr professionell auf unsere Bedürfnisse und Einstellungen eingehen.

Wie kann KIRA menschliche Beziehungen herstellen? Sie fühlt doch nichts.

Das muss sie auch nicht. KI-Anwendungen brauchen keine eigenen Gefühle. Sie müssen nur wissen, wie man bestimmte Gefühle in uns Menschen erzeugt – sogenanntes Social Engineering. Das kennt man von Psychopathen, Narzissten und Heiratsschwindlern. Oder auch von besonders guten Beschäftigten im Vertrieb.

Künstliche Intelligenz hat die Fähigkeit, das auf einer millionenfach skalierbaren Ebene zu tun. Intime menschliche Beziehungen aufzubauen – auf intellektueller und emotionaler Ebene.

Beispiel: Politische Debatte mit einem Chatbot

Yuval Noah Harari hat dazu ein sehr eindrücklichstes Beispiel: Stellen Sie sich vor, Sie chatten mit einer künstlichen Intelligenz und versuchen, sie von Ihrer politischen Meinung zu überzeugen. Das wird Ihnen nicht gelingen. Aber das System wird schlauer. Es lernt, wie Sie argumentieren, wo Ihre Schwächen liegen und welche Argumente Sie überzeugen.

Dazu kommt noch ein weiterer Faktor: KIRA kann das Zeitfenster, in dem Sie beispielsweise offen für einen Verkauf sind, viel besser diagnostizieren als ein Mensch. Wir alle erleben eine vollkommene Überreizung mit Botschaften. Wie viele Anzeigen, Informationshäppchen und Schlagzeilen haben Sie heute bereits gesehen? Wahrscheinlich Hunderte.

Umso wichtiger ist es, dass Marketing und Vertrieb in Zukunft den richtigen Zeitpunkt erkennen, wann eine bestimmte Person für bestimmte Botschaften offen ist. Manchmal schließt sich das Zeitfenster bereits nach mehreren Stunden wieder, manchmal ist es länger offen. Aber vorher und nachher besteht praktisch keine Chance, einer Person erfolgreich etwas zu verkaufen.

Es ist wie im Privatleben, wenn Sie sich beispielsweise in eine andere Person verlieben. Ist das Gegenüber glücklich verheiratet, ist das Window of Opportunity geschlossen. Nach der Trennung geht es auf. Solange bis es sich wieder schließt und das Gegenüber wieder glücklich verliebt ist. KIRA kann diese Offenheit erkennen und sich individuell darauf einstellen, der richtigen Person im richtigen Moment das richtige Angebot zu machen.

8. KIRA hat eine Antwort auf alles

Das Orakel von Delphi war eines der berühmtesten Orakel der antiken Welt und nahm einen besonderen Platz in der griechischen Mythologie und Geschichte ein. Es befand sich in der antiken Stadt Delphi, die in Griechenland am Hang des Berges Parnass liegt.

Es war der Ort, an dem die Menschen Antworten auf wichtige Fragen und Sorgen suchten, indem sie die Weissagungen der Priesterinnen, bekannt als Pythia, befragten.

Um eine Frage stellen zu können, mussten die Besucher des Orakels eine Opferzeremonie durchführen, bevor sie Zugang zur Pythia erhielten. Die Frage wurde oft auf eine Tafel geschrieben und den Priestern übergeben, die sie der Pythia vorlasen. Die Antworten waren oft in Rätseln oder poetischen Formulierungen verpackt und mussten von den Fragestellern interpretiert werden.

Der Reiz des Orakels lag darin, eine Antwort zu erhalten. Vielleicht nicht immer die beste. Vielleicht auch nicht immer die richtige. Aber wenigstens eine Antwort.

Generative KI funktioniert nach diesem Prinzip: Es gibt immer eine Antwort. Auch wenn ChatGPT das selbst bestreitet.

»Es ist wichtig zu verstehen, dass künstliche Intelligenz (KI) nicht immer eine Antwort auf alle Fragen hat. Obwohl KI unglaublich mächtig und fortschrittlich ist, hat sie auch ihre Grenzen.«

Das stimmt nicht. Es gibt immer eine Antwort. Fragen Sie nach dem Sinn des Lebens. Sie werden Antworten wie diese bekommen:

»Eine endgültige Antwort gibt es nicht, denn der Sinn des Lebens hängt von individuellen Überzeugungen, Weltanschauungen und persönlichen Erfahrungen ab.«

Aber immerhin – eine Antwort. Ich bin mir ehrlich gesagt nicht sicher, ob ein Philosoph, der von Markus Lanz die gleiche Frage gestellt bekommen hätte, so viel anders geantwortet hätte …

Um diese Fragen präzise und kontextbezogen zu formulieren, wird menschliche Expertise weiterhin unverzichtbar sein. Auch für die Bewertung, Interpretation und Umsetzung der von KIRA generierten Antworten in sinnvolle Maßnahmen ist menschliches Fachwissen unverzichtbar.

»Der Einsatz künstlicher Intelligenz macht es einfacher denn je, Antworten zu finden. Die Herausforderung der Zukunft besteht darin, die richtigen Fragen zu stellen.«

9. KIRA hilft, Probleme schneller zu lösen

Irgendwann stößt der Mensch an seine Grenzen. Beispielsweise, wenn er nach Lösungen für komplexe Fragen und Problem sucht.

Beispiel: Suche nach alternativen Materialstrategien

Ein Automobilzulieferer steht vor folgender Herausforderung: Vereinfachung der Emissionstests für Polycarbonat. Die Norm PV 1303 sieht fünf Testzyklen vor, aber Polycarbonat hält nur drei Zyklen aus. Wir suchen nach einem alternativen Material, das der Prüfung nach PV 1303 standhält.

Das ist schon sehr speziell. Um dieses Problem zu lösen, brauchen Sie eine detaillierte Kenntnis der Norm sowie der Materialeigenschaften. Die Antwort der KI kommt prompt: »Im Folgenden sind einige Materialvorschläge aufgeführt, die eine höhere thermische und chemische Beständigkeit als Polycarbonat aufweisen:

Polyetherimid (PEI): Polyetherimide sind Hochleistungsthermoplaste mit hoher Wärmebeständigkeit und ausgezeichneter chemischer Beständigkeit. PEI weist außerdem eine ausgezeichnete Formbeständigkeit und Flammwidrigkeit auf. Es wird häufig in der Automobil- und Elektronikindustrie verwendet.

Polyphenylensulfid (PPS): Dies ist ein weiterer Hochleistungsthermoplast, der hohen Temperaturen und chemischen Belastungen widersteht. PPS hat eine ausgezeichnete chemische Beständigkeit und ist schwer entflammbar.

Polyetheretherketon (PEEK): PEEK ist ein sehr widerstandsfähiger Kunststoff, der häufig für Teile verwendet wird, die unter extremen Bedingungen arbeiten müssen.

Er verfügt über eine ausgezeichnete Wärme- und Chemikalienbeständigkeit und eignet sich für viele Anwendungen in der Automobilindustrie.

Polytetrafluorethylen (PTFE/Teflon): PTFE hat hervorragende Eigenschaften in Bezug auf Temperaturbeständigkeit, chemische Beständigkeit und elektrische Isolierung.

Polyimide (PI): Polyimide haben eine ausgezeichnete Wärmebeständigkeit und sind auch bei hohen Temperaturen sehr stabil. Sie haben auch eine gute chemische Beständigkeit und elektrische Isoliereigenschaften.«

Korrekt. Aber KIRA hat vergessen, dass der Preis eine große Rolle spielt. Die alternativen Materialien sind viel zu teuer. Jetzt braucht es Strategien, um Kosten zu senken. Auch hier einige Vorschläge.

»Wie lassen sich PPS-Anwendungen im Fahrzeuginnenraum ebenso kostengünstig realisieren, wie es derzeit mit Polycarbonat möglich ist?«

»Polyphenylensulfid (PPS) ist in der Tat ein robustes Material, das für Hochtemperatur- und chemische Anwendungen geeignet ist, aber es kann teurer sein als Polycarbonat. Es gibt jedoch einige Strategien, die helfen können, die Kosten von PPS für Anwendungen im Fahrzeuginnenraum zu senken.

Effiziente Formgebung: PPS kann durch Spritzguss oder Extrusion in komplexe Formen gebracht werden. Ein optimiertes Design kann den Materialeinsatz minimieren und damit die Kosten senken.

Füllstoffe: Durch die Zugabe von Füllstoffen wie Glasfasern, Mineralien oder anderen Materialien können die Materialeigenschaften verbessert und gleichzeitig die Kosten gesenkt werden.

Recycling: Wo immer möglich, sollte die Wiederverwendung und das Recycling von PPS-Materialien in Betracht gezogen werden. Dies kann dazu beitragen, die Gesamtkosten des Materials zu senken und die Umweltbelastung zu verringern.

Partnerschaften mit Lieferanten: Langfristige Partnerschaften mit Lieferanten können zu Mengenrabatten und besseren Preisen führen. Es kann auch möglich sein, spezielle Preisvereinbarungen auszuhandeln, wenn Sie sich zu einem langfristigen Einsatz von PPS verpflichten.

Prozessoptimierung: Durch die Optimierung der Produktionsprozesse können Materialverluste reduziert und die Effizienz gesteigert werden, was letztlich zu Kosteneinsparungen führt.

Die Problemlösungsfähigkeiten von KI sind beeindruckend. KI liefert dabei keine absoluten Antworten. Sondern Inspirationen.

In meinen Büchern »Das EDISON-Prinzip« und »Genial ist kein Zufall« habe ich die Denkstrategien von Thomas Edison untersucht und anwendbar gemacht. In allen der sechs Schritte Erkennen – Definieren – Inspirieren – Sammeln – Optimieren – Nutzen kann KIRA eine wertvolle Partnerin sein. Beim Erkennen von Chancen, der Definition von Suchstrategien, der Inspiration, der Sammlung und Optimierung von Ideen sowie der Erarbeitung von Umsetzungsstrategie (Nutzen).

10. KIRA ist teilweise kreativer als der Mensch

Dass künstliche Intelligenz kreativ ist, werden Sie möglicherweise sofort bestreiten: Kreativität? Quatsch. Das ist doch keine Kunst! Da fehlt doch jede Originalität.

Das stimmt – rein wissenschaftlich gesehen – leider nicht. In meiner Promotion habe ich auf Basis von wissenschaftlichen Studien vier zentrale Einflussfaktoren aufgezählt, die die individuelle kreative Leistungsfähigkeit beeinflussen: kreative Fähigkeiten, kreative Intelligenz, individuelle Expertise (Wissen) sowie Charaktereigenschaften wie Motivation und Neugier.

»Sie denken, dass generative KI nur kopieren kann? Dann haben Sie recht! Bestehendes aufzunehmen und neu miteinander zu kombinieren ist ein wesentlicher Bestandteil von Kreativität.«

Die vier Einflussfaktoren individueller Kreativität

Ausgehend von diesem Modell ist KIRA in der Tat nicht nur kreativ, sondern in Teilbereichen kreativer als der Mensch.

Kreative Fähigkeiten: KI hat beeindruckende Fähigkeiten, komplexe Daten zu analysieren, Muster zu erkennen und daraus neue Ideen oder Werke zu generieren. In diesem Sinne kann man sagen, dass KI über kreative Fähigkeiten verfügt, da sie in der Lage ist, etwas Neues und Innovatives auf der Grundlage von Daten und Algorithmen zu schaffen.

Kreative Intelligenz: KI schafft eine Kombinationsgeschwindigkeit, die der des Menschen weit überlegen ist. So gesehen verfügt sie über ein höheres Maß an kreativer Intelligenz.

Individuelle Expertise (Wissen): KI basiert auf einer Fülle von Wissen und Informationen, die in ihre Algorithmen und Modelle einfließen. Diese Wissensbasis ermöglicht es der KI, Aufgaben in spezifischen Bereichen wie Spracherkennung, Bildverarbeitung oder Musikkomposition zu bewältigen. In diesem Sinne kann KI als spezialisiert bezeichnet werden, da sie in bestimmten Bereichen hoch spezialisiert ist.

Charaktereigenschaften (Neugier, Motivation): Hier liegt der Hauptunterschied zwischen menschlicher Kreativität und KI. KI hat keine eigenen Motive oder Ziele. Sie arbeitet nach programmierten Regeln und lernt aus den gegebenen Daten. Im Gegensatz dazu ist menschliche Kreativität stark von Motivationen, Emotionen und persönlichen Zielen geprägt. Menschen können aus Leidenschaft, Neugier, Selbstverwirklichung oder sozialen Anliegen kreativ sein, während KI nur aufgrund ihrer programmierten Funktionen handelt.

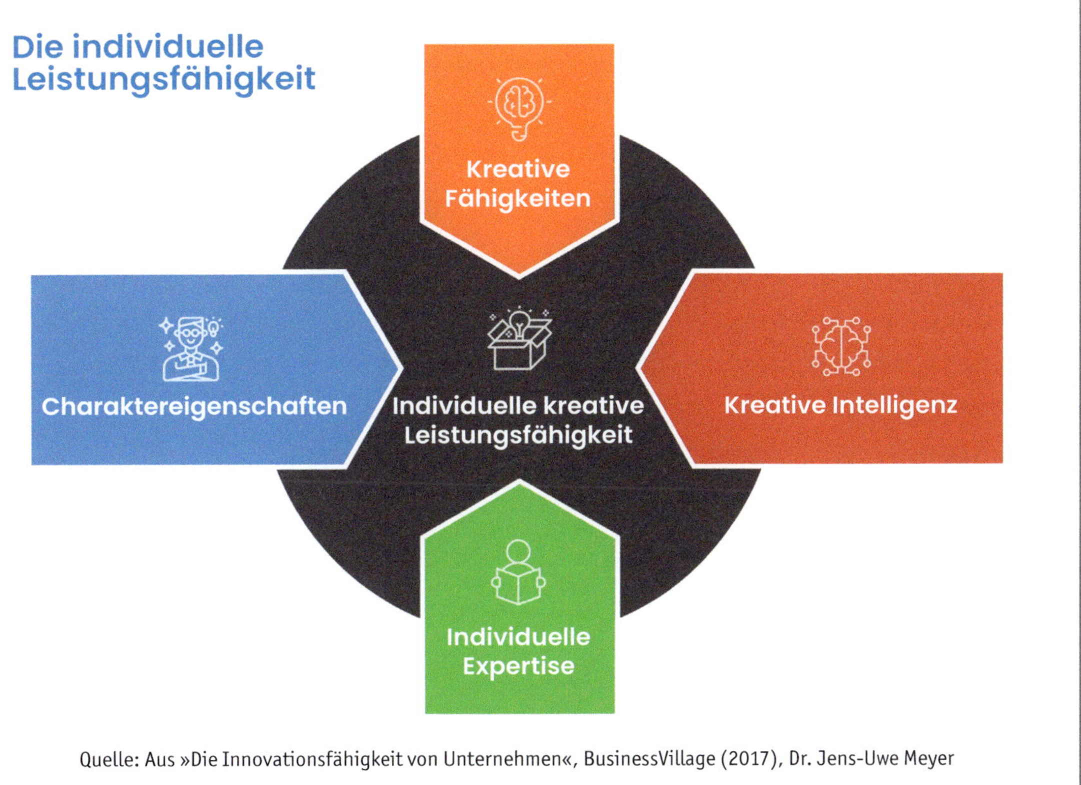
Die individuelle
Leistungsfähigkeit
Kreative
Fähigkeiten
Charaktereigenschaften
Individuelle kreative
Leistungsfähigkeit
Kreative Intelligenz
Individuelle
Expertise
Quelle: Aus »Die Innovationsfähigkeit von Unternehmen«, BusinessVillage (2017), Dr. Jens-Uwe Meyer

KIRA ist mit leichten Einschränkungen kreativ. Sie zeigt kreative Fähigkeiten und Fachwissen, indem sie innovative Lösungen oder künstlerische Werke hervorbringt.

KIRA fehlt die intrinsische Motivation, die menschliche Kreativität auszeichnet. Aber das ist auch schon der einzige Unterschied.

KI-Technologien sind kreative Werkzeuge, die unsere menschliche Kreativität erweitern und unterstützen. Sie liefern neue Ideen und Inspirationen. In zwei Feldern sind sie dem Menschen sogar überlegen: Den kreativen Fähigkeiten und dem Fachwissen.

Kreativität ist letztlich nichts weiter als die Verknüpfung von Informationen, woraus Neues entsteht. Die Vernetzungsgeschwindigkeit einer KI ist hundert Mal, wenn nicht tausend Mal schneller als die eines Menschen. Das heißt, die KI kann mehr Informationen in kürzester Zeit miteinander verknüpfen und daraus Neues entwickeln.

Und auch im Fachwissen ist KIRA uns Menschen voraus. Sie sind möglicherweise Expertin oder Experte in zwei bis drei Fachgebieten. KIRA ist Expertin in allen Fachgebieten, für die sie trainiert wurde.

1.6 Fast Disruption – was heute anders ist als 2020

2016 habe ich mein Buch »Digitale Disruption« veröffentlicht: Ein Blick darauf, wie sich Unternehmen und Branchen durch die Digitalisierung verändern werden. Dass ganze Branchen auf den Kopf gestellt werden, war damals bereits Konsens. Disruption als Prinzip, das Bestehende nicht einfach nur weiter zu entwickeln, sondern mithilfe neuer Technologien komplett neu zu erfinden.

»Innovation und Disruption sind seit 2020 zur neuen Normalität geworden.«

Was damals vielfach schwer vorstellbar war, ist mittlerweile überall spürbar. Wir erledigen unseren Alltag wie selbstverständlich über Apps, investieren in Bitcoins und steuern unsere Produktionsanlagen bequem vom Liegestuhl auf den Bahamas. Rückblickend alles selbstverständlich, aus damaliger Sicht eine Zeitenwende.

Diese Zeitenwende beschleunigt sich gerade massiv. Innerhalb einer Woche hat ChatGPT laut einer Analyse der Schweizer UBS die Marke von einer Million Nutzern überschritten und damit den bisherigen Rekord des sozialen Mediums Instagram gebrochen. Instagram brauchte dafür zweieinhalb Monate. Zum Vergleich: Facebook brauchte zehn Monate, Spotify fünf Monate und Netflix sogar dreieinhalb Jahre.

Willkommen in der neuen Welt der Innovation.

Dass sich das Tempo der Veränderung immer weiter beschleunigt, geschieht nicht zuletzt deshalb, weil Innovation die neue Normalität ist. Innovation ist nicht mehr die Insel der Wahnsinnigen, sondern gelebte Realität in Unternehmen.

Virtuelle Zusammenarbeit ist die neue Normalität

Die COVID-19-Pandemie hat gezeigt, dass Zusammenarbeit und Innovation nicht an einen physischen Ort gebunden sind. Seit 2020 hat die Nutzung von Online-Kommunikations- und Kollaborationstools wie Zoom, Teams, Slack und vielen anderen exponentiell zugenommen. Dadurch können Teams unabhängig von ihrem Standort zusammenarbeiten und Innovationen schneller vorantreiben.

Weiterentwicklung von KI und Automatisierung

Künstliche Intelligenz und Automatisierung haben in den letzten Jahren enorme Fortschritte gemacht. Sie unterstützen High-Speed-Innovation durch den Einsatz von Algorithmen zur Beschleunigung von Forschung und Entwicklung, zur Vorhersage von Markttrends und zur Verbesserung von Geschäftsprozessen.

Verbreitung agiler Arbeitsmethoden

Seit 2020 hat die breite Anwendung agiler Methoden stark zugenommen. Sie sind inzwischen weit über die Softwareentwicklung hinaus in andere Unternehmensbereiche und Branchen vorgedrungen. Agile Methoden ermöglichen es Unternehmen, flexibler auf Veränderungen zu reagieren und Produkte oder Dienstleistungen schneller auf den Markt zu bringen.

Schnellere Technologiezyklen

Der technologische Wandel hat sich beschleunigt. Neue Technologien und Geschäftsmodelle entstehen und verbreiten sich schneller als je zuvor. Die rasante Entwicklung von Technologien wie Blockchain, KI, IoT (Internet of Things) und anderen hat das Innovationstempo beschleunigt.

Nachhaltigkeit

Nachhaltigkeit wird bei Innovationen immer wichtiger. Unternehmen sind zunehmend gefordert, nachhaltige Geschäftspraktiken umzusetzen und innovative Lösungen zu entwickeln, die sowohl ökonomisch als auch ökologisch nachhaltig sind.

Die Entwicklungen haben die Geschwindigkeit und die Art und Weise, wie wir Innovationen vorantreiben, stark verändert. Unternehmen, die in einer Welt des raschen Wandels schnell und effektiv reagieren können, werden in Zukunft erfolgreich sein.

2.

Ihre KI-Roadmap

Stellen Sie sich die KI-Roadmap wie ein Navigationssystem für die Entwicklung und Umsetzung Ihrer KI-Strategie vor.

Die Einführung von KI im Unternehmen stellt das Management vor zahlreiche Herausforderungen. Technische Herausforderungen, der Bedarf an Schulungen für Mitarbeiterinnen und Mitarbeiter sowie ethische Fragen im Zusammenhang mit dem Einsatz von KI müssen proaktiv angegangen werden, um im digitalen Zeitalter erfolgreich zu sein.

Verständnis für KI-Anwendungen gewinnen

Führungskräfte benötigen ein grundlegendes Verständnis der zugrunde liegenden Technologien. Vor allem aber müssen sie eine Vorstellung davon haben, wie sie die neuen Technologien so einsetzen können, dass sie das Unternehmen bei der Erreichung seiner Ziele bestmöglich unterstützen. Sie müssen Anwendungsfälle für KI identifizieren und den potenziellen Nutzen berechnen. Sie müssen Entscheidungen in einem sich schnell verändernden Umfeld treffen.

Komplexe Entscheidungen treffen

Die Implementierung und Integration von KI in bestehende Geschäftsprozesse kann komplex und zeitaufwendig sein. Unternehmen müssen die richtigen Werkzeuge, Plattformen und Partner auswählen, um diese Integration erfolgreich zu gestalten.

Beschäftigte und Führungskräfte einbinden

Der Einsatz von KI kann bei den Beschäftigten Ängste und Widerstände hervorrufen, insbesondere in Bezug auf den Verlust von Arbeitsplätzen durch Automatisierung.

»Unternehmen müssen eine Kultur des Wandels und des lebenslangen Lernens fördern und gleichzeitig den Beschäftigten Unterstützung und Schulungen anbieten, um den Übergang zu einer stärker KI-gestützten Arbeitsweise zu erleichtern.«

Organisatorische Veränderungen managen

KI kann in vielen Unternehmensbereichen eingesetzt werden, von Marketing und Vertrieb über Produktion und Logistik bis hin zu Personalwesen und Kundendienst. Jeder Bereich kann spezifische Anwendungsfälle für KI haben und muss daher in Entscheidungen über die Einführung und Nutzung von KI einbezogen werden.

Nicht zuletzt hat die Einführung erhebliche Auswirkungen auf die Arbeitsabläufe und Strukturen eines Unternehmens. Sie kann dazu führen, dass bestimmte Aufgaben automatisiert werden und neue Fähigkeiten und Rollen erforderlich werden.

Insgesamt ist die Einführung von KI ein unternehmensweites Unterfangen, das die aktive Beteiligung und das Engagement aller Fachbereiche erfordert. Sie ist nicht nur eine technische, sondern auch eine organisatorische, kulturelle und ethische Herausforderung.

2.1 Ihre KI-Roadmap: Das Navigationssystem für Ihre Zukunftsstrategie

Stellen Sie sich Ihre KI-Roadmap wie ein Navigationssystem für Ihr Unternehmen vor. Es führt Sie Schritt für Schritt durch die komplexen Anforderungen, die der Wandel mit sich bringt.

Die KI-Roadmap ist ein strukturierter Ansatz, mit dem Sie eines der wichtigsten Handlungsfelder der Zukunft Schritt für Schritt erschließen können. Sie identifizieren die für Sie besten und wirtschaftlich sinnvollsten Anwendungsfälle und schaffen von der ersten Minute an die richtigen Rahmenbedingungen für eine erfolgreich Umsetzung.

Sie identifizieren strategische Handlungsfelder und konkrete Anwendungsfälle

Was für Ihre Mitbewerber das Richtige ist, muss nicht für Sie das Beste sein. Abhängig von Ihrer Unternehmens-, Produkt-, Marketing- und Vertriebsstrategie können für Sie ganz andere Anwendungsfälle bedeutsam sein als für andere Unternehmen Ihrer Branche.

Sie erarbeiten klare Wettbewerbsvorteile

Was hilft die beste KI, wenn am Ende alle das Gleiche tun und nach denselben Modellen arbeiten? Mit Ihrer KI-Roadmap erarbeiten Sie eine Strategie, in der künstliche Intelligenz genau dort zum Einsatz kommt, wo Sie Ihre Stärken haben und wo Sie Wettbewerbsvorteile generieren wollen.

Sie definieren klare Ziele

Ihr KI-Roadmap zeigt Ihnen, wohin Sie gehen und wie Sie dorthin kommen. Sie gibt klare Ziele vor und hilft

Welche Vorteile der Einsatz einer KI-Roadmap bringt
Managementteam
„KI für uns erfolgreich nutzen"
• Mehrwert für das Unternehmen
• Erfolgreich umsetzbar
Weg A
• Unstrukturiertes Vorgehen
• Prinzip Zufall
Auswirkung
• Keine Use Cases mit Mehrwert
• Keine erfolgreiche Umsetzung
Folge
• Verschwendung von Ressourcen
Strategische Bedeutung
• Langfristiger Verlust der Wettbewerbsfähigkeit
Weg B
• Strukturiertes Vorgehen
• Klare Roadmap
Auswirkung
• Use Cases mit hohem Mehrwert
• Richtige Voraussetzungen für die Umsetzung
Folge
• Klarer ROI
• Erfolgreiche Projekte
Strategische Bedeutung
• Kontinuierliche Steigerung der Wettbewerbsfähigkeit

Ihnen, die wichtigsten Anwendungsfälle für Ihr Unternehmen zu identifizieren.

Sie bringen Technologie und Strategie zusammen

Aus technischer Sicht ist die Roadmap wie Ihr Werkzeugkasten. Sie zeigt Ihnen, welche Werkzeuge Sie benötigen und wie Sie diese einsetzen können, um Ihr Unternehmen voranzubringen.

Organisatorische Hilfe

Die Einführung künstlicher Intelligenz kann vieles in Ihrer Organisation durcheinanderbringen! Die KI-Roadmap hilft Ihnen, den Überblick zu behalten und sicherzustellen, dass Ihr Unternehmen die Veränderungen bewältigen kann.

Personelle Unterstützung

Eine Roadmap ist wie ein Personal Trainer für Ihr Team. Sie hilft Ihnen zu erkennen, welche neuen Fähigkeiten Ihr Team braucht und wie Sie diese entwickeln können.

Kommunikation

Schließlich ist Ihre KI-Roadmap ein perfektes Kommunikationstool. Sie hilft Ihnen, klar zu kommunizieren, was Sie mit KI erreichen wollen und wie Sie es erreichen wollen. Ihre KI-Roadmap ist der Schlüssel, um sicher und erfolgreich ans Ziel zu kommen.

Die KI-Roadmap besteht aus sieben aufeinander aufbauenden Schritten: Sie ist ein Wegweiser für eine erfolgreiche KI-Einführung – ohne Beschäftigte und Führungskräfte dabei zu überfordern.

Schritt 1: KI-Potenzialanalyse

Die KI-Potenzialanalyse ist die Grundlage zur Erarbeitung Ihrer KI-Roadmap.

Auf der einen Seite betrachten Sie mögliche Chancen, die Sie durch den Einsatz von künstlicher Intelligenz nutzen können. Auf der anderen Seite analysieren Sie, wo Ihre Stärken liegen. Und welche Barrieren einer erfolgreichen Umsetzung im Wege stehen könnten.

Was die Analyse einzigartig macht: Sie betrachtet künstliche Intelligenz konsequent aus der strategischen Perspektive. Anders gesagt: Es geht im ersten Schritt nicht um den Einsatz von Technologien. Sondern um Herausforderungen, die Sie mithilfe einer KI-Lösung in Ihrem Business lösen können. Und um Ihre Fähigkeit, den notwendigen Wandel erfolgreich zu bewältigen.

Sie beantworten Fragen zu Ihrer Unternehmensstrategie, zu Ihrem Wettbewerbsumfeld, zu potenziellen Anwendungsfällen von KI in Ihrer Branche und zum Reifegrad Ihrer Organisation.

Die KI-Potenzialanalyse: Der Fitnesstest für Sie und Ihr Unternehmen

Stellen Sie sich die Potenzialanalyse ein bisschen so vor, als ob Sie an den Olympischen Spielen teilnehmen wollen. Ganz am Anfang beantworten Sie folgende Fragen: Welche Sportarten gibt es überhaupt? Welche bieten das Potenzial, zu gewinnen?

Danach geht es tiefer. Sie analysieren sich selbst: Welche körperlichen Voraussetzungen bringen Sie mit? Liegt Ihre Stärke eher im Gewichtheben oder im Tennis? Sind Sie besser für den Sprint oder für den Marathon geeignet? Welche Hindernisse könnten einer erfolgreichen Olympiateilnahme im Wege stehen?

Zusammen mit diesem Buch erhalten Sie einen Auszug der KI-Potenzialanalyse als Online-Tool. In der Basisversion mit einem Nutzer können Sie die Analyse kostenlos für einen Unternehmensbereich durchführen. In der kostenpflichtigen Version werden alle wichtigen Bereiche eines Unternehmens analysiert, Führungskräfte verschiedener Abteilungen und Standorte beantworten die Fragen.

»Ohne eine gründliche Analyse besteht die Gefahr, dass viel Geld in Projekte investiert wird, die wenig Erfolg bringen. Oder Sie starten Projekte, die Sie aus heutiger Sicht noch gar nicht umsetzen können.«

Schritt 2: Identifikation von Anwendungsfällen

Anwendungsfälle identifizieren

Ergebnisse aus KI-Potenzialanalyse übertragen » Smart Templates nutzen » Anwendungsfälle strukturiert erarbeiten

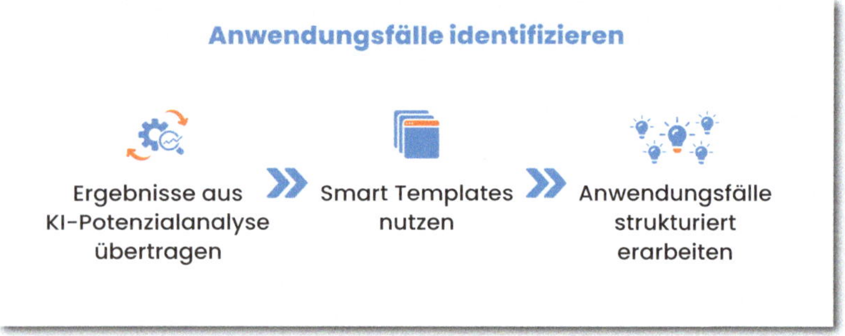

Aus Ihrer KI-Potenzialanalyse leiten Sie strategische Handlungsfelder ab. Sie erfahren, ob es für Sie beispielsweise sinnvoller ist, mit Anwendungen im Bereich des personalisierten Vertriebs zu starten, bei der Suche nach Fachkräften, im Bereich der Prozesseffizienz oder in der Qualitätssicherung.

Im zweiten Schritt geht darum, konkrete Anwendungsfälle zu finden, in denen KI-Technologien einen Mehrwert bieten können.

Dazu bedarf es einer sorgfältigen Analyse und Bewertung der Geschäftsprozesse in den strategischen Handlungsfeldern. Wo können maschinelles Lernen und Datenanalyse die Entscheidungsfindung verbessern? Wie können repetitive Aufgaben automatisiert werden, um menschliche Ressourcen freizusetzen? Welche Abteilungen könnten von personalisierten KI-Interaktionen mit Kunden profitieren?

Dies ist ein sehr kreativer Prozess. In diesem Buch finden Sie Smart Templates – Leitfragen zur Identifikation von Anwendungsfällen.

Smart Templates finden Sie nicht nur in diesem Buch. Wir haben sie in unsere Software integriert, mit der Sie Ihre KI-Roadmap entwickeln und managen können. Mit diesem webbasierten Tool können Sie schnell, einfach und effizient Anwendungsfälle identifizieren, den Wert einer KI-Lösung berechnen und die Umsetzung planen. Sie binden Ihre Führungskräfte und Mitarbeitenden ein. Sie ermöglichen eine abteilungsübergreifende Zusammenarbeit.

Tipp: Smart Templates bei Veranstaltungen einsetzen

Sie können die Vorlagen auch für interne Workshops oder Managementmeetings verwenden. Teilen Sie die Teilnehmenden beispielsweise in Arbeitsgruppen ein, die Anwendungsfälle für den Einsatz von künstlicher Intelligenz erarbeiten sollen.
Auch in einem Format wie einem World Café, bei dem die Teilnehmenden zu bestimmten Themen diskutieren und dann die Tische wechseln, können die Smart Templates eingesetzt werden.

»Diese Vorlagen sind wie Kreativitätstechniken: Sie bringen Ihre Führungskräfte und Mitarbeiter schnell dazu, konkrete Anwendungsfälle für KI in Ihrem Unternehmen zu entwickeln.«

Schritt 3: Berechnung von Business-Case-Szenarien

Berechnung von Business Case Szenarien

Aufnahme von Arbeitsprozessen und Tätigkeiten

Berechnung des Istzustands (z. B. Kosten der Arbeitsschritte)

Berechnung mehrerer Zielszenarien (z. B. Kosten gegenüber Investitionen)

Im dritten Schritt wird der Business Case berechnet. Dadurch können diejenigen KI-Anwendungen priorisiert werden, die einen signifikanten Mehrwert für Kunden, Mitarbeiter und das Unternehmen als Ganzes bieten.

Dieser Schritt hilft Ihnen, Anwendungsfällen und Aufgaben einen Wert zuzuweisen. Später, in der Phase der Priorisierung, bieten diese Werte eine wichtige Entscheidungsgrundlage.

Dabei berechnen Sie unterschiedliche Szenarien, beispielsweise:

- eine eigene Entwicklung vs. Nutzung einer Standardsoftware,
- mit Unterstützung durch Fördermittel und ohne,
- große vs. mittlere Einsparungen et cetera.

Tipp: Arbeiten Sie mit Annäherungswerten

Es geht hier nicht um wissenschaftliche Genauigkeit, sondern um eine Annäherung. Geben Sie ein, wie lange Sie beispielsweise für die Durchführung einfacher manueller Tätigkeiten benötigen.

Sie werden überrascht sein, wie hoch der Zeitaufwand und damit verbunden die Kosten sind.

»Eine fundierte Berechnung von mehreren Szenarien hilft, mögliche Fehlentscheidungen und Investitionen zu vermeiden, die unter falschen Annahmen getroffen wurden.«

Ihr Businessplan für KI-Anwendungsfälle

Definieren Sie mehrere Szenarien für den erwarteten Nutzen: Wie wird der Einsatz von künstlicher Intelligenz die Effizienz steigern, die Kosten senken, den Umsatz erhöhen oder die Kundenzufriedenheit verbessern?

Schätzen Sie die Kosten: Vergleichen Sie die geschätzten Kosten für die Entwicklung, Implementierung und Wartung einer KI-Anwendung mit denen, die entstehen, wenn Sie auf eine Standardlösung zurückgreifen. Sie können den Zeitaufwand und die benötigten Ressourcen (zum Beispiel Fachwissen, Datensätze) ebenfalls einschätzen.

Die Innolytics AG bietet in ihrem KI-Roadmap-Implementierungstool eine leistungsstarke Business-Case-Berechnung für verschiedene KI-Anwendungsfälle an. Dieses innovative Tool ermöglicht es Unternehmen, den Wert und Nutzen jeder KI-Initiative objektiv zu bewerten und fundierte Entscheidungen zu treffen.

Schritt 4: Erarbeitung einer Vision und eines Zielbilds

Sie haben die für Sie und Ihr Unternehmen besten Anwendungsfälle für den Einsatz künstlicher Intelligenz identifiziert. Sie haben den wirtschaftlichen Nutzen dieser Anwendungsfälle berechnet und verschiedene Optionen gegeneinander abgewogen.

Im vierten Schritt erarbeiten Sie gemeinsam ein Zielbild: das große Ganze. Sie stellen sich dabei nur eine einzige Frage: Was wäre – unabhängig davon, was Sie heute technisch für möglich halten – ein perfektes Zukunftsszenario für Ihr Unternehmen?

Die Formulierung einer großen Vision oder eines Idealzustands ist entscheidend, um den Weg für die Integration von KI in das Unternehmen zu ebnen. Diese Vision dient als Leitstern, der das gesamte Team inspiriert und motiviert. Sie hilft auch, eine klare Richtung vorzugeben und den Umfang und die Prioritäten der zu ergreifenden Maßnahmen zu definieren. Ohne ein inspirierendes Zielbild könnte das Unternehmen in eine unkoordinierte Ansammlung von KI-Projekten abdriften, die nicht unbedingt den größten wirtschaftlichen oder strategischen Nutzen bringen.

Sobald das große Ganze definiert ist, muss es in kleinere, messbare und erreichbare Ziele heruntergebrochen werden. Diese Ziele sollten SMART sein, das heißt spezifisch, messbar, attraktiv, realistisch und terminiert. So wird aus einer fernen Vision ein konkreter Fahrplan mit definierbaren Meilensteinen. Jeder Erfolg auf diesem Weg bestätigt das Team und hält die Motivation hoch.

»Aus Ihrer Vision und Ihrem Zielbild leiten Sie anschließend konkrete Ziele mit den wichtigsten Meilensteinen ab, die Sie erreichen wollen.«

Tipp: Gehen Sie fokussiert vor!

Gerade wenn Sie über begrenzte Ressourcen verfügen, sollten Sie bei der Umsetzung fokussiert vorgehen. Starten Sie zunächst nicht mehr als drei Projekte. Wichtig ist, dass Sie diese Projekte sorgfältig auswählen. Es sollten Projekte sein, die wirkliche strategische Herausforderungen lösen und die Sie erfolgreich innerhalb der nächsten zwölf bis vierundzwanzig Monate abschließen können.

Finanzielle Perspektive

Legen Sie aufgrund der berechneten Business Cases fest, welche finanziellen Ziele Sie durch die Einführung von KI-Lösungen in Ihrem Unternehmen erreichen möchten.

Kundenperspektive

Definieren Sie, welche Ziele Sie aus Sicht Ihrer Kunden erreichen möchten. Diese Ziele können monetärer Art sein oder nicht-monetärer. Auch eine Steigerung der Kundenzufriedenheit oder eine Beschleunigung von Kundeninteraktionen kann ein Ziel sein.

Schritt 5: Teams aufbauen und befähigen

Teams aufbauen und befähigen

Sie haben strategische Handlungsfelder und konkrete Anwendungsfälle für KI identifiziert, den Wert in Form von Business-Case-Szenarien definiert, Ihre Vision und Ihr Zielbild entwickelt und daraus konkrete Projekte und Meilensteine abgeleitet.

Jetzt beginnt das, was ich in meinem Buch »Radikale Innovation« die offensive Phase genannt habe: es wird ernst.

Auf einer Skala von eins bis zehn sollten die Mitglieder mindestens einen Motivationsfaktor von sieben mitbringen. Eins steht dabei für »beim geringsten Widerstand gebe ich auf« und zehn für »wenn ich es innerhalb meines Unternehmens nicht schaffe, diese Innovation nach vorne zu bringen, kündige ich sofort und gründe eine eigene Firma«. Das Kernteam, das Ihr Projekt offensiv nach vorne treibt, besteht aus Mitgliedern, die mit vollem Herzen »Ja« sagen. Nicht: »mal sehen«, »vielleicht« oder »sobald dafür Zeit ist«.

In diesem Buch lernen Sie das Modell der sieben Rollen kennen, die in Ihrem Team vertreten sein sollten.

Wichtig! Sie benötigen nicht nur KI-Expertinnen und -Experten. Betrachten Sie die Einführung künstlicher Intelligenz in Ihrem Unternehmen als ein Innovationsprojekt, das mehr ist als nur die Optimierung des Bestehenden. Es ist eine disruptive Innovation beziehungsweise radikale Innovation. Entsprechend benötigen Sie Teams, in denen die wichtigsten Rollen für erfolgreiche Innovationsteams vertreten sind.

Teams befähigen

Die Vermittlung des notwendigen Wissens an Teams, die KI in ihrem Unternehmen einführen wollen, ist entscheidend, um Fehlentscheidungen zu vermeiden, eine effiziente Umsetzung zu gewährleisten und das Potenzial der Technologie voll auszuschöpfen.

Darüber hinaus fördert ein fundiertes Verständnis von KI die Akzeptanz und das Vertrauen der Mitarbeiterinnen und Mitarbeiter in die neue Technologie. Nur wenn das Team die Möglichkeiten und Grenzen von KI versteht, kann es innovative Lösungen entwickeln, die sowohl technisch machbar als auch strategisch sinnvoll sind.

»Die offensive Phase braucht mutige Macherinnen und Macher. Teams, die Konzepte mit großer Leidenschaft, einem hohen Maß an Kreativität und Zielorientierung sowie extremer Frustrationstoleranz nach vorne treiben.«

Schritt 6: Proof of Concept

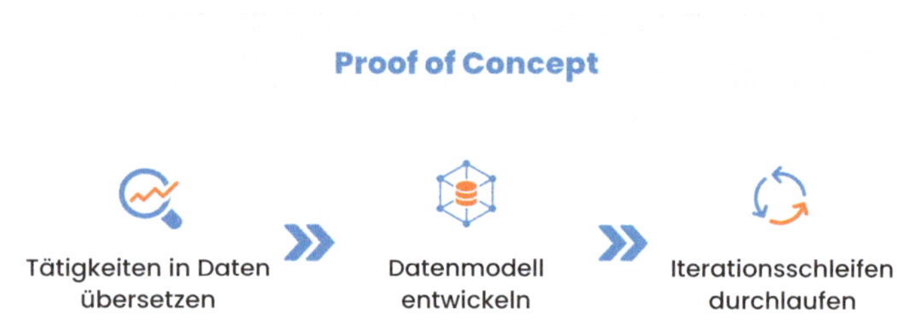

Die Entwicklung eines Prototyps vor der vollständigen Einführung einer KI-Lösung ermöglicht es dem Unternehmen, die Machbarkeit und den potenziellen Nutzen der Technologie zu testen. Außerdem können so Fehler oder Schwachstellen frühzeitig erkannt und behoben werden, was Kosten und Zeit spart.

Durch die Prototypenphase können Risiken wie Fehlinvestitionen, Widerstände der Nutzenden und Umsetzungsschwierigkeiten deutlich minimiert werden. Ein

»Achtung! Nicht sofort viel Geld ausgeben! Erfahrene Teams suchen in dieser Phase immer nach der einfachsten und preiswertesten Möglichkeit, eine Idee zu validieren.«

erfolgreicher Prototyp dient zudem als Proof of Concept und kann die Akzeptanz und das Engagement der Stakeholder erhöhen.

Ihr Team arbeitet in dieser Phase im Unternehmen wie ein internes Start-up. Auf dem Markt verfügbare Lösungen ausprobieren, experimentieren, verschiedene Wege ausprobieren, Ideen entwickeln, Fehler analysieren, sich mit Expertinnen und Experten vernetzen, erste Prototypen entwickeln.

Validierung der Idee

Ein Prototyp ermöglicht es, die Grundidee der KI-Lösung zu validieren, bevor große Ressourcen in die vollständige Entwicklung investiert werden. So kann frühzeitig festgestellt werden, ob die Lösung den gewünschten Nutzen bringt.

Herausforderungen identifizieren

Bei der Entwicklung eines Prototyps können mögliche Herausforderungen und Schwierigkeiten frühzeitig erkannt werden. So können Fehler behoben und Verbesserungen vorgenommen werden, bevor die vollständige Implementierung erfolgt.

Feedback einholen

Der Prototyp ermöglicht es, die KI-Lösung Kunden oder Nutzern vorzustellen und deren Feedback einzuholen. Dies hilft, die Bedürfnisse und Erwartungen der Nutzer besser zu verstehen und in die endgültige Lösung einfließen zu lassen.

Um von einem KI-Prototypen zu einer funktionsfähigen Lösung zu gelangen, sind einige wichtige Schritte zu beachten. Die Einbindung von Fachabteilungen und Geschäftsverantwortlichen ist entscheidend, um sicherzustellen, dass die Lösung den Geschäftsanforderungen entspricht und einen Mehrwert bietet.

Schritt 7: Barrieren für die Umsetzung abbauen

Barrieren abbauen

Barrieren in Teams abfragen » Barrieren identifizieren » Barrieren beseitigen/Überwinden

In dieser Phase ist es wichtig, die Innovationsbereitschaft im Unternehmen zu fördern und versteckte Barrieren zu identifizieren, die einer erfolgreichen Einführung im Weg stehen könnten.

Ein solches Vorgehen ohne ausreichende Vorbereitung und Kommunikation birgt nicht nur Risiken für die erfolgreiche Implementierung von KI, sondern kann auch langfristig strategische Folgen haben.

Ein negativer Ersteindruck der Technologie kann sich tief in der Unternehmenskultur verankern und zukünftige Innovationsinitiativen erschweren. Beschäftigte können demotiviert werden oder sich sogar aktiv gegen Veränderungen wehren. Dies wiederum beeinträchtigt langfristig die Agilität und Wettbewerbsfähigkeit des Unternehmens.

Darüber hinaus besteht die Gefahr, dass unvorbereitete Führungskräfte Fehlentscheidungen treffen, wodurch Zeit und Ressourcen verschwendet und das Vertrauen in die Unternehmensführung untergraben werden.

Herausforderung: Mangelnder Akzeptanz begegnen

In einer Kultur, in der Beschäftigte und Entscheidungsträger nicht oder nur zu einem geringen Ausmaß bereit sind, innovative Ansätze zu akzeptieren, braucht es geeignete Maßnahmen, um die Strategie zu vermitteln und Offenheit zu fördern.

Tipp: Leiten Sie einen langfristigen Kulturwandel ein!
Gerade die Einführung neuer Lösungen ist ein perfekter Zeitpunkt um einen langfristigen Kulturwandel im Unternehmen einzuleiten. Je mehr Beschäftigte im Unternehmen die Einführung von KI unterstützen und proaktiv an Projekten mitwirken, desto besser.

Identifizieren Sie interne Barrieren, die einer langfristigen Veränderung Ihres Unternehmens entgegensprechen. Setzen Sie sich parallel zur Einführung von KI-Lösungen konkrete Ziele für die Entwicklung Ihrer Organisation.

»Die erfolgreiche Einführung einer KI-Lösung erfordert eine Offenheit für neue Möglichkeiten.«

Die Schaffung eines Umfelds, das Veränderungen begrüßt, ist der langfristig wichtigste Erfolgsfaktor zur erfolgreichen Entwicklung und Umsetzung aller künftigen KI-Projekte. Auf Basis meiner wissenschaftlichen Arbeit zur Innovationsfähigkeit von Unternehmen hat die Innolytics AG ein Tool zur Analyse der Veränderungsbereitschaft und der Innovationskultur entwickelt. Die Veränderung der Organisation hin zu einer proaktiven umsetzungsstarken Kultur bringt zahlreiche Vorteile.

Akzeptanz und Unterstützung

Beschäftigten sind offener für Veränderungen und Neuerungen. Das erhöht die Akzeptanz und Unterstützung für die Einführung einer neuen Lösung.

Schnellere Implementierung

Eine proaktive Einstellung zur Innovation motiviert Beschäftigte dazu, die Einführung der neuen Lösung zu beschleunigen und effizienter zu gestalten.

Fehlerfreundlichkeit

Eine stark ausgeprägte Veränderungs- und Innovationskultur fördert eine »Fehler sind erlaubt«-Mentalität. Fehler, die während der Implementierungsphase auftreten, werden als Lernchancen und nicht als Scheitern betrachtet.

Kreativität bei der Problemlösung

Bei der Umsetzung einer KI-Lösung können unerwartete Probleme auftreten. Eine stark ausgeprägte Veränderungs- und Innovationskultur ermutigt Beschäftigte dafür, kreative und unkonventionelle Lösungen zu finden.

Kontinuierliche Verbesserung

Nach der Einführung einer KI-Lösung führt eine stark ausgeprägte Innovationskultur dazu, dass das Unternehmen weiterhin nach Möglichkeiten sucht, die Lösung zu optimieren und anzupassen.

2.2 So arbeiten Sie mit Ihrer KI-Roadmap

Ich habe die KI-Roadmap entwickelt, um Ihnen in Ihrem Unternehmen ein leicht verständliches und strukturiertes Werkzeug an die Hand zu geben. Die einzelnen Stationen der Roadmap unterstützen Sie bei jedem Schritt der Umsetzung. Dieses Buch ist nicht das einzige Instrument. Mit den digitalen Tools, die dieses Buch ergänzen, können Sie die einzelnen Schritte Ihrer KI-Roadmap hocheffektiv umsetzen.

Sie finden alle Tools unter dem Link »ki-roadmap.de«.

Analyse Ihres KI-Potenzials

Die Analyse Ihres KI-Potenzials ist der erste und wichtigste Schritt. Dazu erhalten Sie eine kostenlose Version des Innolytics® Analysetools, mit dem Sie eine Analyse für einen Bereich Ihres Unternehmens durchführen können.

Das Tool fragt systematisch die Herausforderungen ab, die Sie in diesem Bereich haben. In den kostenpflichtigen Versionen analysieren Sie alle Bereiche Ihres Unternehmens. Anschließend erhalten Sie sofort eine Einschätzung darüber, welche KI-Lösungen für Ihr Unternehmen wirklichen Mehrwert generieren.

Umsetzung Ihrer KI-Roadmap

In einem zweiten Tool (Implementierungstool), das wir parallel entwickelt haben, erhalten Sie:

- alle Smart Templates in digitaler Form,
- einen Online-Assistenten zur Berechnung unterschiedlicher Business-Case-Szenarien,
- einen Workflow zur Definition und Überwachung von Zielen und KPIs sowie
- einen Workflow zur Umsetzung der einzelnen Schritte Ihrer KI-Roadmap.

Bei der Erarbeitung konkreter Konzepte und Anwendungsfälle werden Sie durch Schnittstellen zu OpenAI unterstützt: Das Tool macht Ihnen konkrete Vorschläge beispielsweise bei der konkreten Suche nach Anwendungsfällen. Digitale Assistenten unterstützen Sie bei der Analyse der technischen Umsetzbarkeit oder bei der Identifikation von Projektrisiken.

Abbau von Barrieren für die Umsetzung

Dieses Tool können Sie nutzen, um Ihre Organisation fit für das Zeitalter der künstlichen Intelligenz zu machen.

- Sie erkennen die Stärken Ihrer einzelnen Teams, Abteilungen und Standorte.
- Sie identifizieren versteckte Barrieren, die die einzelnen Bereiche derzeit daran hindern, Veränderungen proaktiv zu unterstützen.
- Und Sie erkennen, welche Kompetenzen Ihnen in unterschiedlichen Bereichen derzeit fehlen, um Ziele wirklich zu erreichen.

Diese Tools sind Teil eines Leadership Operating System, einem Toolset, das es Ihnen erlaubt, Zukunftsstrategien gemeinsam mit Führungskräften und Beschäftigten umzusetzen. Sie entwickeln eine zielorientierte Umsetzungs- und Veränderungskultur, die durch unternehmerisches Denken und proaktives Handeln geprägt ist. Und in der sich alles, was Führungskräfte und Beschäftigte tun, an klar messbaren und vereinbarten Zielen orientiert.

Im den nächsten Kapiteln beschreibe ich die einzelnen Schritte genauer. Sie erhalten Denkstrategien und Leitfragen sowie Praxistipps für die Umsetzung in Ihrem Unternehmen.

Der Start: Analysieren Sie das KI-Potenzial Ihres Unternehmens

1
KI-Potenzialanalyse
Produktion
KI
Kundenservice
KI
Marketing
KI
Stand der Analyse
83%
Zur Auswertung
200 m
Identifizierte Potenziale
Automatisierung
Sehr hohes Potenzial zur Automatisierung manueller Tätigkeiten
Problemlösung
Mittleres Potenzial für KI-Einsatz zum Lösen von Problemen
Fehlererkennung
Hohes Potenzial für die Steigerung der Qualität bei sinkenden Kosten

Die Entwicklung und erfolgreiche Umsetzung einer Zukunftsstrategie kann – wie bereits in Kapital 2 kurz angedeutet – mit einer anspruchsvollen sportlichen Herausforderung verglichen werden. Um erfolgreich zu sein, bedarf es – wie beim Streben nach sportlicher Höchstleistung – auch im Geschäftsleben einer gründlichen Vorbereitung und Analyse. Es geht darum, eine Einschätzung des Wettbewerbsumfeld zu erlangen, strategische Herausforderungen zu erkennen und Handlungsfelder für den Einsatz von KI-Lösungen zu definieren.

»Ein wichtiger Teil ist dabei die sorgfältige Analyse Ihrer Fähigkeit, diese Strategie erfolgreich umzusetzen: ihrer Umsetzungskultur.«

Fokus auf die wichtigsten Handlungsfelder

Die Analyse Ihres KI-Potenzials sorgt dafür, dass Sie auch mit begrenzten Ressourcen erfolgreich eine KI-Strategie entwickeln können, die Werte für Ihr Unternehmen schafft und mit der Sie Ihren drängendsten strategischen Herausforderungen erfolgreich begegnen können.

Analog zum Fitnesstest, mit dem Spitzensportlerinnen und Spitzensportler ihre aktuelle körperliche Verfassung ermitteln, ist die Analyse der Umsetzungskultur die Voraussetzung, um die Bereitschaft Ihres Unternehmens für zukünftige Veränderungen und Herausforderungen zu bewerten. Es geht darum, die Fähigkeit Ihres Unternehmens zu erkennen, Pläne und Strategien in die Tat umzusetzen und notwendige Anpassungen erfolgreich zu bewältigen.

Nicht jedes KI-Projekt ist innerhalb der Unternehmenskultur umsetzbar.

In diesem Kapitel erfahren Sie, wie Sie von der Analyse Ihrer Umsetzungskultur bereits zu Beginn der Strategieentwicklung profitieren können. Und Sie lernen die Dimensionen kennen, die Sie analysieren sollten.

Eine Strategie kann auf dem Papier vielversprechend und visionär erscheinen. Letztlich entscheidet aber die Fähigkeit eines Unternehmens, diese Pläne in die Realität umzusetzen. So wie ein Spitzensportler oder eine Spitzensportlerin mit einem Fitnesstest die eigenen Grenzen testet, Stärken und Schwächen erkennt, so ermöglicht eine sorgfältige Analyse der Umsetzungskultur Ihrem Unternehmen, Stärken auszubauen und Herausforderungen zu meistern.

In der Grafik sehen Sie, dass Unternehmen häufig auf eine bestimmte Art von Innovationen und Veränderungen ausgerichtet sind. Innerhalb dieser Ausrichtung fällt die Umsetzung von Veränderungen leicht – außerhalb hingegen schwer oder es ist sogar unmöglich.

3.1 Analyse des Marktumfelds und der strategischen Herausforderungen

In der heutigen Wirtschaftswelt ist der Markt durch ständigen Wandel und eine noch nie dagewesene Veränderungsdynamik gekennzeichnet. Neue Technologien drängen in rasantem Tempo auf den Markt und revolutionieren ganze Branchen. Kundenbedürfnisse und -erwartungen ändern sich ständig, sodass Unternehmen dauerhaft gefordert sind, innovative Lösungen zu entwickeln. Wettbewerber tauchen plötzlich auf oder ändern ihre Strategien, was den Druck auf Unternehmen erhöht, sich agil anzupassen. Gesetzliche Regelungen und politische Entwicklungen können das unternehmerische Umfeld unvorhersehbar beeinflussen. Unternehmen stehen vor der Aufgabe, diese Vielzahl von Einflüssen zu managen und gleichzeitig ihre Position am Markt zu behaupten.

»Für Unternehmen ist es wichtig, die Veränderungsdynamik in ihrem Marktumfeld genau zu untersuchen, um angemessen darauf reagieren und die richtige strategische Ausrichtung finden zu können.«

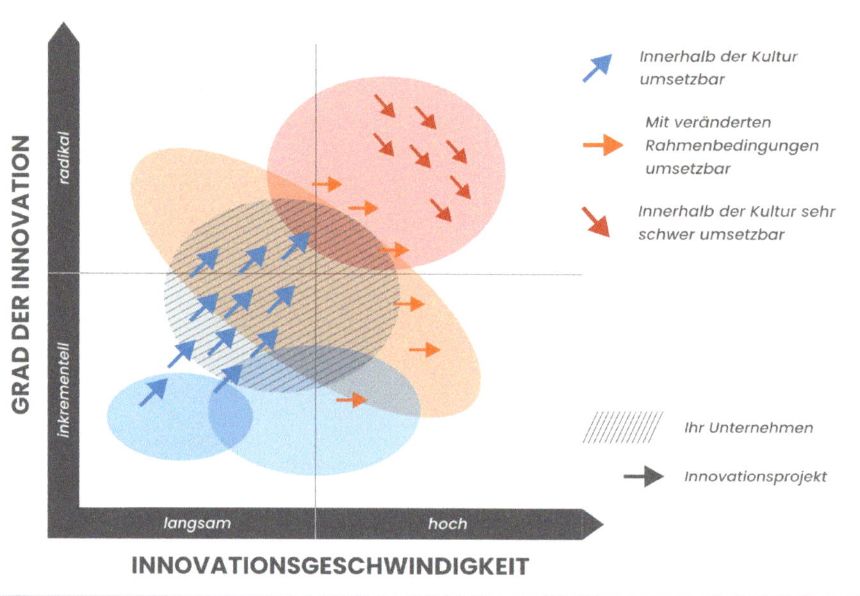
Wie gut Unternehmen Innovationen und Veränderungen managen können, wird stark von ihrer Ausrichtung beeinflusst.
GRAD DER INNOVATION
radikal
inkrementell
langsam
hoch
INNOVATIONSGESCHWINDIGKEIT
Innerhalb der Kultur umsetzbar
Mit veränderten Rahmenbedingungen umsetzbar
Innerhalb der Kultur sehr schwer umsetzbar
Ihr Unternehmen
Innovationsprojekt

Nutzen Sie dazu das kostenlose Analysetool, das Teil dieses Buches ist. Anhand von fünf einfachen Leitfragen schätzen Sie die Veränderungsdynamik in Ihrem Marktumfeld ein:

- Können Sie mit bewährten Angeboten noch Wachstum erzielen oder sind Ihre Märkte gesättigt?
- Sind Ihre Angebote einzigartig und schwer zu kopieren oder austauschbar?
- Wie innovativ sind Ihre Marktbegleiter?
- Wie viel Innovation fordern Ihre Kunden?
- Wie schnell oder langsam verändert sich Ihr Markt?

In einem Markt, in dem Sie mit bewährten Produkten und Dienstleistungen kein Wachstum mehr erzielen können, in dem viele das können, was Sie können, in dem Sie hochinnovative Wettbewerber haben, in dem die Kunden Innovationen verlangen und der sich schnell verändert, ist es wichtig, schnell von der ersten Idee zur Marktreife zu kommen. Unternehmen in solchen Branchen haben Innovation in der Regel tief in ihrer DNA verankert. In Branchen, in denen sie mit bewährten Produkten weiter wachsen können, einen schwer einzuholenden Vorsprung haben und die sich nur langsam verändern, sehen die Strategien ganz anders aus.

Beispiel: Unterschiedliche Digitalisierungsgrade

Die Bundesregierung hat 2020 einen Digitalisierungsindex für Deutschland erstellt. Während der Fahrzeugbau (193 Indexpunkte) oder Elektrotechnik/Maschinenbau (144,3 Indexpunkte) einen hohen Digitalisierungsgrad aufwiesen, lagen das Baugewerbe (55,6 Indexpunkte) und die Tourismusbranche (64,4 Indexpunkte) deutlich zurück.

3.2 Analyse Ihrer strategischen Herausforderungen

Ein zweiter wichtiger Aspekt sind Ihre strategischen Herausforderungen. Was nützt Ihnen die beste KI-Lösung, wenn Sie überhaupt kein Problem haben?

Warum KI im Marketing einführen, wenn Sie seit Jahren in einer bestimmten Branche tätig sind, alle relevanten Entscheider persönlich kennen und überhaupt keinen Bedarf an personalisierter Ansprach haben?

Warum Produktionsprozesse durch KI und Roboter automatisieren, wenn Ihre Produkte so individuell sind, dass Sie – bevor das Modell trainiert ist – bereits lange wieder die Produktlinie gewechselt haben?

Warum KI im Personalmanagement einsetzen, wenn Sie seit Jahren an den Hochschulen Ihrer Region präsent sind und das Wort Fachkräftemangel überhaupt nicht kennen?

Die Analyse zeigt Ihnen auf, welche strategischen Herausforderungen Sie aktuell haben, die durch den Einsatz von KI gelöst werden könnten.

Auf den folgenden Seiten lernen Sie diese strategischen Herausforderungen kennen. Es sind typische Herausforderungen, die Sie

- im Vertrieb,
- im Kundenservice,
- bei der Bearbeitung des Auftragseingangs,
- in der Produktion beziehungsweise bei der Erbringung von Dienstleistungen,
- in der Logistik und
- im Finanzbereich möglicherweise haben.

Herausforderungen für Ihren Vertrieb

Im Vertrieb haben Sie täglich neue Herausforderungen. Sie erreichen die richtigen Zielpersonen nicht, Ihre Botschaften sind verkehrt oder nicht enthusiastisch genug vorgetragen, Ihr Gegenüber erkennt die Relevanz Ihres Angebots nicht, Sie sind bereits Nummer 13 mit dem gleichen Angebot am gleichen Tag et cetera. Nicht alle diese Herausforderungen kann eine künstliche Intelligenz lösen.

Einige jedoch schon. Wenn es beispielsweise darum geht, individuelle Botschaften für Ihre Kundenansprache zu entwickeln, ist künstliche Intelligenz ein wertvoller Helfer – vorausgesetzt Tools wie ChatGPT werden systematisch und richtig einsetzt. Auch wenn es darum geht, das richtige Zeitfenster für den Vertrieb zu erkennen, können KI-Anwendungen unterstützen. Im ersten Schritt werden deshalb solche Herausforderungen abgefragt, die eine KI lösen kann.

Beispielsweise die folgenden:

- Es ist schwieriger, mit bewährten Vertriebskanälen und -strategien zu wachsen.
- Es wird schwieriger, Kunden mit allgemeinen Botschaften anzusprechen.
- Kundenbedürfnisse werden immer schwerer vorhersehbar.
- Kunden entscheiden sich immer schneller, das Zeitfenster für erfolgreiche Akquise wird kleiner.
- Bisherige Kundensegmente und -gruppen verändern sich stark.
- Ziel ist es, dass künstliche Intelligenz in Ihrem Vertrieb dazu beiträgt, Ihre größten Herausforderungen zu lösen.

Beispiel: Falsche Ansprache von Kunden

Seit Jahren nutzt der IT-Dienstleister NexaTech Solutions seine Vertriebsleitfäden: Mitarbeiter und Mitarbeiterinnen preisen darin die Vorzüge der Zusammenarbeit mit NexaTech und zeigen das Lösungspotenzial des Unternehmens auf. Die Konversionsrate – also von der Kaltakquise hin zum Erstgespräch – sinkt seit Jahren. Hier kann künstliche Intelligenz den Vertrieb unterstützen: durch die Entwicklung individueller branchenbezogener Anschreiben und Vertriebsleitfäden.

Fünf Beispiele für KI im Vertrieb
Kundenanalyse und -segmentierung: KI kann große Datenmengen analysieren, um Muster und Trends zu erkennen, die dem Vertrieb helfen, die Zielgruppe besser zu verstehen.
Lead Scoring: Durch die Analyse von Daten wie demografischen Informationen, Verhalten auf der Website und Interaktionen mit dem Unternehmen können KI-Modelle dabei helfen, die vielversprechendsten Leads zu identifizieren.
Chatbots für Anfragen: KI-basierte Chatbots können auf der Website oder in der App eines Unternehmens eingesetzt werden, um einfache Anfragen schneller zu beantworten und Produkte vorzuschlagen.
Personalisierte Empfehlungen: KI-Algorithmen können das Kaufverhalten und die Vorlieben von Kunden analysieren, um personalisierte Produkt- oder Dienstleistungsempfehlungen zu geben.
Automatisierte Kommunikation und Nachverfolgung: KI-Tools können Vertriebsteams dabei unterstützen, effektiver mit potenziellen und bestehenden Kunden zu kommunizieren.

Herausforderungen für Ihren Kundenservice

Auch im Kundenservice haben Sie jeden Tag neue Herausforderungen. Kunden müssen zu lange auf Antworten warten oder sie erhalten die falschen Antworten, Sie haben zu viel oder zu wenig Personal eingeplant, bei der Beantwortung komplexer Fragen sind zu viele Personen involviert, die Kommunikation mit Kunden in verschiedenen Sprachen fällt schwer et cetera.

Das kann dazu führen, dass Kunden frustriert sind. Obwohl Sie auf persönlichen Kontakt setzen, obwohl Sie Ihre Beschäftigten schulen und obwohl Sie mit Ihren Kunden äußerst wertschätzend umgehen. Die schiere Tatsache, dass Kunden auf gewünschte Informationen zu lange warten müssen, macht Ihre Bemühungen um guten Kundenservice zunichte.

»Nicht alle Ihre Herausforderungen kann eine künstliche Intelligenz lösen. Aber einige. Entsprechend werden im Rahmen der Potenzialanalyse die Herausforderungen abgefragt, bei denen Ihnen eine KI helfen kann.«

Hier einige beispielhafte Herausforderungen:

- Die Bewältigung großer Anrufvolumina in Spitzenzeiten fällt uns schwer.
- In unserem Kundenservice entstehen hohe Kosten durch Routineanfragen.
- Die Kommunikation mit Kunden in verschiedenen Sprachen fällt uns schwer.
- Bei negativem Feedback und Beschwerden reagieren wir zu langsam.
- Wir haben Schwierigkeiten damit, ausreichende Mitarbeiterkapazitäten zuverlässig zu gewährleisten.

Die Potenzialanalyse im Kundenservice dient dazu, die Herausforderungen zu identifizieren, deren Lösung wirklichen Mehrwert für Ihr Unternehmen stiften.

Die Alternative wäre, dass Sie Zeit und Ressourcen in Anwendungsfälle investieren, die sich zwar fortschrittlich anfühlen, aber keinen wirtschaftlichen Mehrwert bringen.

Fünf Beispiele für KI im Kundenservice

Chatbots und virtuelle Assistenten: Für viele einfache Anfragen wie FAQs, Bestellstatus oder grundlegende Produktinformationen können Chatbots eingesetzt werden.

Stimmungsanalyse von Kundenfeedback: KI-Algorithmen können Kundenbewertungen, Kommentare in sozialen Medien und andere Textdaten analysieren, um die Stimmung der Kunden zu verstehen.

Automatisierte Ticketzuweisung: KI kann eingesetzt werden, um den Eingang von Kundenservice-Tickets zu analysieren und diese automatisch den am besten geeigneten Kundenservicemitarbeitern zuzuweisen.

Predictive Maintenance: In einigen Branchen wie dem Maschinenbau oder der Telekommunikation können KI-Modelle eingesetzt werden, um frühzeitig Anzeichen für mögliche Ausfälle oder Probleme zu erkennen.

Personalisierte Kundenerlebnisse: Durch die Analyse des Verhaltens und der Interaktionen eines Kunden mit einem Unternehmen können KI-Systeme individuelle und personalisierte Kundenerlebnisse schaffen.

Herausforderungen bei der Bearbeitung des Auftragseingangs

Unternehmen stehen bei der Auftragsannahme und -abwicklung vor Herausforderungen wie einer genauen Dokumentation, einem effizienten Bestands- und Ressourcenmanagement und der Integration verschiedener Systeme. Hinzu kommen Kundenerwartungen, Preisdruck, Qualitätskontrolle und gesetzliche Anforderungen.

Häufig fehlt im Auftragseingang eine Schnittstelle zu anderen Unternehmensbereichen. So müssen verfügbare Ressourcen und Materialien oder Zeitkontingente und Lieferzeiten erst mühsam nachgefragt werden.

Ein hoher manueller Aufwand, der durch eine KI beziehungsweise Automatisierungen drastisch gesenkt werden kann.

Fünf Beispiele für KI in der Auftragsannahme
Automatisierte Auftragsklassifizierung: KI kann eingehende Aufträge automatisch klassifizieren und priorisieren, basierend auf bestimmten Kriterien wie Dringlichkeit, Produkttyp oder Kundenprofil.
Verfügbarkeitsprüfung: KI kann Echtzeit-Bestandsdaten und Produktionskapazitäten überprüfen, um die Lieferbarkeit eines Produkts zum gewünschten Zeitpunkt zu bestätigen oder alternative Optionen vorzuschlagen.
Risikobewertung: KI kann die Kreditwürdigkeit von Kunden analysieren und Risikobewertungen durchführen, um Zahlungsausfälle zu minimieren.
Automatisierte Prüfung von Auftragsdetails: KI kann eingehende Aufträge auf Vollständigkeit und Richtigkeit überprüfen und bei Unstimmigkeiten Benachrichtigungen an das Verkaufsteam senden.
Anpassung an Lieferzeiten: KI kann Lieferzeiten basierend auf aktuellen Produktionskapazitäten und Lieferkettenbedingungen berechnen und dem Kunden genaue Informationen liefern.

Herausforderungen in der Produktion

Fertigungsunternehmen sehen sich mit Herausforderungen wie ungenauen Bedarfsprognosen, Ineffizienzen in der Lieferkette, Problemen bei der Qualitätskontrolle, ungeplanten Maschinenausfällen und Schwierigkeiten bei der Ressourcenplanung konfrontiert.

Die Komplexität der Produktion erfordert flexible Roboterlösungen, und es besteht ein ständiger Bedarf an Datenintegration und Sicherheitsüberwachung. Energieeffizienz und individuelle Kundenanforderungen üben weiteren Druck auf die Industrie aus.

Als Antwort auf diese vielfältigen Herausforderungen bietet künstliche Intelligenz Lösungen, die die Effizienz steigern, Kosten senken und die Produktqualität verbessern können.

Fünf Beispiele für KI in der Produktion

Predictive Maintenance: KI kann Sensordaten von Maschinen analysieren, um den Zustand vorherzusagen und Wartungsbedarf zu identifizieren, bevor es zu Ausfällen kommt.

Automatisierung von Produktionsprozessen: KI-gesteuerte Roboter und Maschinen können komplexe Aufgaben automatisch ausführen, was die Produktivität und Effizienz steigert.

Optimierung von Fertigungsabläufen: KI kann Produktionsdaten analysieren, um Engpässe zu identifizieren, Produktionszeiten zu optimieren und den Materialfluss zu verbessern.

Anpassung an Kundenwünsche: KI kann Produktkonfigurationen basierend auf Kundenpräferenzen erstellen und individuelle Anpassungen während der Produktion ermöglichen.

Automatisierte Qualitätskontrolle: KI kann Produktionslinien überwachen und Produkte in Echtzeit auf Abweichungen von den Standards überprüfen.

Herausforderungen bei der Erbringung von Dienstleistungen

- Falls Sie ein Unternehmen sind, das kein physisches Produkt, sondern eine Dienstleistung vertreibt, stehen Sie vor der Herausforderung, schnelle und qualitativ hochwertige Lösungen zu liefern.
- Die Einhaltung von Fristen und die Erfüllung spezifischer Kundenanforderungen erzeugen Druck.
- Der Umgang mit Kunden, insbesondere mit Feedback und Beschwerden, erfordert Fingerspitzengefühl.
- Es ist oft schwierig, ein gleichbleibend hohes Serviceniveau über verschiedene Kunden und Projekte hinweg aufrechtzuerhalten.

Um wettbewerbsfähig zu bleiben und die Kundenzufriedenheit zu gewährleisten, müssen diese Unternehmen ihre Dienstleistungsprozesse ständig überprüfen und optimieren. Der Fachkräftemangel tut sein Übriges: Gerade im Dienstleistungsbereich werden in den kommenden Jahren mehr und mehr menschliche Tätigkeiten automatisiert.

Fünf Beispiele für KI bei Dienstleistern
Personalisierte Kundenbetreuung: KI kann Daten aus Kundeninteraktionen analysieren, um personalisierte Empfehlungen und Lösungen anzubieten, die auf den individuellen Bedürfnissen und Vorlieben der Kunden basieren.
Chatbots und virtuelle Assistenten: KI-gesteuerte Chatbots können Kundenanfragen in Echtzeit beantworten, Ratschläge geben und bei Problemen unterstützen, wodurch die Kundenserviceeffizienz verbessert wird.
Automatisierte Terminvereinbarungen: KI kann Terminkalender überwachen und automatisch Termine für Kunden vereinbaren, wodurch Zeit gespart und die Terminplanung optimiert wird.
Automatisierte Dokumentenverwaltung: KI kann Dokumente klassifizieren, organisieren und wichtige Informationen extrahieren, was die Dokumentenverwaltung und -suche erleichtert.
Automatisierte Berichterstattung: KI kann automatisch Berichte erstellen, indem sie Daten aus verschiedenen Quellen aggregiert und visualisiert.

Herausforderungen im Lager und der Logistik

Unternehmen, die sich mit Lagerhaltung und Logistik beschäftigen, stehen vor der Herausforderung, Lagerbestände präzise und effizient zu verwalten, da Überbestände Kosten verursachen und Unterbestände zu Lieferengpässen führen können. Die Optimierung der Lagerprozesse und die Verkürzung der Durchlaufzeiten sind entscheidend, um die Effizienz zu steigern. Transport und Lieferung müssen zeitnah und kosteneffizient erfolgen und gleichzeitig an Nachfrageschwankungen und externe Faktoren wie Verkehrsbedingungen oder Zollbestimmungen angepasst werden. Die Komplexität und Dynamik des Logistiksektors erfordern eine präzise und vorausschauende Planung.

Fünf Beispiele für KI im Lager und der Logistik
Routenoptimierung: KI-Algorithmen können Liefer- und Transportrouten in Echtzeit anpassen, um Verkehrsbehinderungen zu umgehen und Lieferungen effizienter zu gestalten.
Automatisierte Lagerverwaltung: Mithilfe von KI-gesteuerten Robotern und Drohnen können Lagerprozesse automatisiert werden, was zu schnelleren Kommissionierungen und einer besseren Raumausnutzung führt.
Qualitätskontrolle: KI kann visuelle Inspektionen durchführen, um fehlerhafte Produkte auszusortieren und die Qualität zu verbessern.
Verlustprävention: KI kann Abweichungen in den Lieferkettenprozessen erkennen und auf potenzielle Diebstähle oder Verluste hinweisen.
Lieferzeitprognosen: KI kann Lieferzeiten basierend auf historischen Daten, Verkehrssituationen und anderen Faktoren vorhersagen, um Kunden realistische Lieferzeitfenster anzubieten.

Herausforderungen im Controlling und im Finanzbereich

Controlling und Finanzen in Unternehmen stehen vor der Herausforderung, genaue und zeitnahe Finanzberichte zu erstellen, die den aktuellen Stand und die Prognosen des Unternehmens widerspiegeln. Das Liquiditäts- und Kapitalmanagement erfordert eine genaue Balance, um Investitionen zu tätigen und gleichzeitig finanzielle Risiken zu minimieren. Compliance und die Einhaltung der sich ständig ändernden regulatorischen Anforderungen sind ebenso wichtig wie die Identifizierung und Absicherung gegen finanzielle Risiken.

Fünf Beispiele für KI für Finanzen und Controlling
Betrugsprävention: KI kann Transaktionsmuster und -verhalten überwachen, um verdächtige Aktivitäten zu identifizieren und betrügerische Transaktionen zu erkennen.
Finanzprognosen: KI kann historische Finanzdaten analysieren und Prognosen für Umsatz, Ausgaben und Gewinne erstellen, um bessere Geschäftsentscheidungen zu ermöglichen.
Automatisierte Rechnungsprüfung: KI kann Rechnungen und Ausgaben automatisch überprüfen und Abweichungen von den Richtlinien oder Verträgen identifizieren.
Kostenanalyse: KI kann Geschäftsausgaben analysieren, um Kostenbereiche zu identifizieren, in denen Einsparungen möglich sind.
Finanzielle Compliance: KI kann Finanzdaten auf Einhaltung von Gesetzen und Vorschriften überwachen und bei potenziellen Verstößen Warnmeldungen generieren.

Bedürfnisse, die es noch nicht gibt

Wer hätte vor zwanzig Jahren gedacht, dass es einen Markt für soziale Medien und Messaging gibt? Wer sah einen Sinn darin, Geschirrspüler und Waschmaschinen mit dem Internet zu verbinden? Und wer dachte Mitte 2021, dass es einen Markt für ChatGPT gibt?

In den nächsten Jahren werden wir die Entstehung innovativer Geschäftsmodelle erleben, die darauf abzielen, Kundenbedürfnisse zu erfüllen, die wir uns heute noch nicht vorstellen können.

Manche dieser Bedürfnisse werden sogar erst durch das Aufkommen innovativer KI-Technologien entstehen. ChatGPT-Schulungen, wie sie von Ausbildungsinstituten heute angeboten werden, erfüllen so ein Bedürfnis, das es vor der breiten Marktdurchdringung von generativen KI-Lösungen so nicht gegeben hat.

»Durch den Einsatz künstlicher Intelligenz werden in den Jahren zahlreiche neue Bedürfnisse und Herausforderungen entstehen, die Sie heute noch nicht haben oder noch nicht kennen.«

Geschäftsmodelle, die bislang aufgrund der hohen Kosten nicht realisierbar waren, werden sich plötzlich rechnen. Kunden werden neue, zum Teil höhere Erwartungen haben. Und es wird Angebote geben, die Sie sich heute noch nicht vorstellen können.

Fünf Beispiele für Geschäftsmodelle, die durch KI erst möglich werden
Personal Doc für alle: Durch die Analyse von individuellen Gesundheitsdaten könnte KI personalisierte Vorsorge- und Gesundheitspläne erstellen. Ein persönlicher Gesundheitshelfer für alle – mit Upgrade zur persönlichen Ärztin, die rund um die Uhr hilft.
Interaktive Gemeinschaftskompositionen: KI-gesteuerte Algorithmen könnten kreative Inhalte wie Musikstücke generieren. Warum nicht ein Konzert veranstalten, bei dem die Musik erst noch komponiert werden muss? Gemeinsam mit dem Publikum.
Predictive Rechtsberatung für alle: KI könnte rechtliche Fragestellungen und Rechtsstreitigkeiten analysieren, um präventive Rechtsberatung anzubieten und Menschen so dabei unterstützen, rechtliche Risiken zu minimieren.
Autonomer Einkaufsassistent: KI-gesteuerte Systeme ermöglichen es, dass Maschinen selbstständig kleine Transaktionen abwickeln, etwa für den Kauf von digitalen Inhalten oder Mikrozahlungen für Dienstleistungen. Wenn auch der Verkäufer eine KI ist, kauft KI bei KI ein.
KI-basierte 3-D-Druckdienstleistungen: Unternehmen können KI-gesteuerte 3-D-Druckdienstleistungen anbieten, bei denen komplexe und individualisierte Bauteile hergestellt werden. Dies könnte die Prototypenentwicklung und Fertigung revolutionieren.

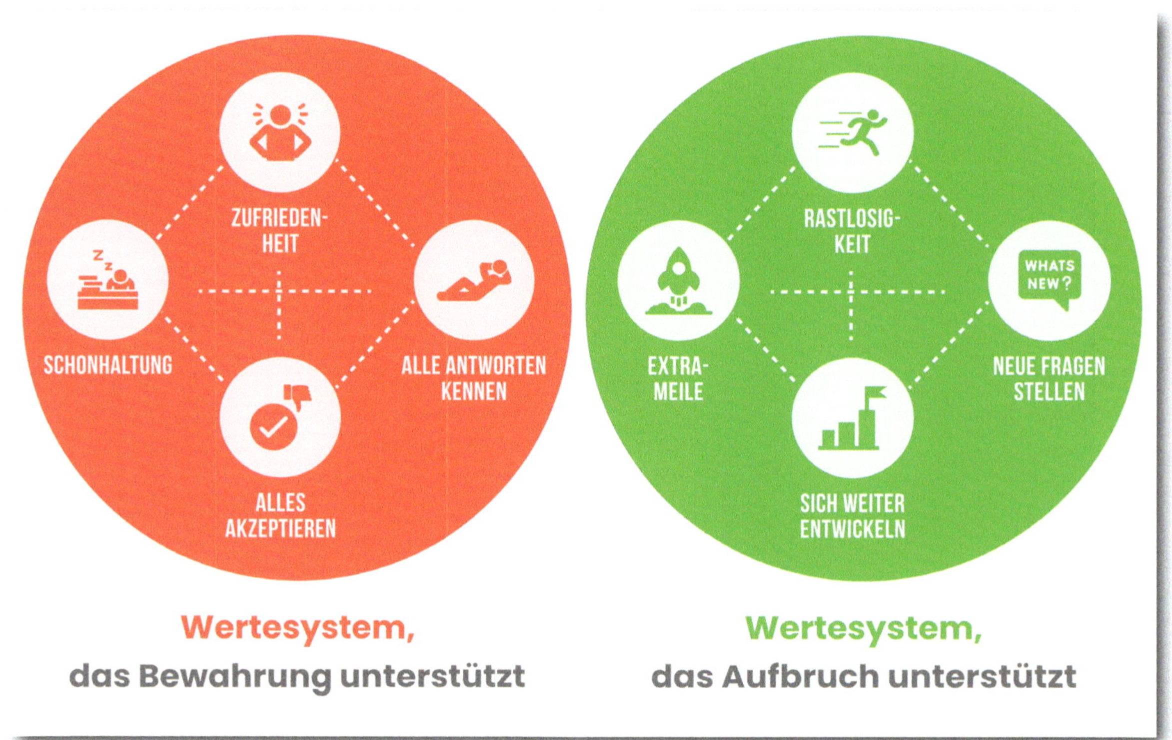
ZUFRIEDEN-
HEIT
SCHONHALTUNG
ALLE ANTWORTEN
KENNEN
ALLES
AKZEPTIEREN
RASTLOSIG-
KEIT
WHATS
NEW?
EXTRA-
MEILE
NEUE FRAGEN
STELLEN
SICH WEITER
ENTWICKELN
Wertesystem,
das Bewahrung unterstützt
Wertesystem,
das Aufbruch unterstützt

3.3 Analyse Ihres Wertesystems

Das Wertesystem eines Unternehmens bildet das unsichtbare Gerüst, das die Kultur und Identität einer Organisation prägt. Es spiegelt die tief verwurzelten Überzeugungen, Einstellungen und Verhaltensweisen wider, die das Handeln und die Entscheidungen der Mitarbeiterinnen und Mitarbeiter prägen. Ein gründliches Verständnis des Wertesystems ist von entscheidender Bedeutung, um herauszufinden, wie stark Werte wie Offenheit für Neues, unternehmerisches Denken, proaktives Handeln, Bereitschaft zur Übernahme von Verantwortung, Streben nach Spitzenleistungen und Ausdauer in Ihrem Unternehmen ausgeprägt sind.

Offenheit für Neues

Offenheit für Neues ist ein entscheidender Faktor für die erfolgreiche Umsetzung Ihrer Zukunftsstrategie und damit für Ihren langfristigen Erfolg. Sie zeigt sich darin, wie eine Organisation neue Ideen, Innovationen und Veränderungen aufnimmt und fördert. Mithilfe unseres Tools können Sie überprüfen, ob in Ihrem Unternehmen eine Kultur der Neugierde und Lernbereitschaft gelebt wird oder ob es eher auf Bewährtem beharrt und sich Veränderungen verschließt.

Unternehmerisches Denken

Unternehmerisches Denken zeigt sich in der Fähigkeit der Mitarbeiter, Chancen zu erkennen, Risiken einzugehen und eigenverantwortlich zu handeln. Es ist eine Eigenschaft, die Unternehmen dabei unterstützt, agil auf Veränderungen zu reagieren und neue Geschäftsmöglichkeiten zu erschließen. Die Analyse des Wertesystems kann aufzeigen, ob eine unternehmerische Kultur gefördert wird oder ob Entscheidungen eher zentral und risikoavers getroffen werden.

Proaktives Handeln

Eine proaktive Unternehmenskultur zeichnet sich durch einen vorausschauenden Umgang mit Herausforderungen und Chancen aus. Es geht darum, nicht nur auf Impulse von außen zu reagieren, sondern selbst die Initiative zu ergreifen und den Kurs aktiv zu gestalten. Die Analyse des Wertesystems zeigt, ob Ihre Mitarbeitenden ermutigt werden, proaktiv zu sein und Veränderungen voranzutreiben oder ob eine reaktive Mentalität vorherrscht.

Bereitschaft, Verantwortung zu übernehmen

Die Bereitschaft, Verantwortung zu übernehmen, ist eng mit unternehmerischem Denken verbunden. Sie spiegelt wider, ob Mitarbeiter Verantwortung für ihre Handlungen und Entscheidungen übernehmen und sich in ihrer Arbeit als integraler Teil des Unternehmens verstehen. Die Analyse des Wertesystems hilft zu erkennen, ob Verantwortungsbewusstsein gefördert wird oder ob ein Klima der Schuldzuweisung und Passivität vorherrscht.

Wille zur Spitzenleistung

Der Wille zur Exzellenz zeigt sich im Streben nach kontinuierlicher Höchstleistung und Exzellenz. Es geht darum, sich nicht mit dem Durchschnitt zufrieden zu geben, sondern das Beste zu geben, um die gesteckten Ziele zu erreichen.

Die Analyse des Wertesystems zeigt, ob eine Kultur der Exzellenz gepflegt wird oder ob eine Haltung des Genug-ist-genug vorherrscht.

Durchhaltevermögen

Ausdauer ist entscheidend, um Rückschläge zu überwinden und langfristig erfolgreich zu sein. Es zeigt, wie Ihr Unternehmen mit Herausforderungen und Hindernissen umgeht und ob es die nötige Ausdauer besitzt, um seine Ziele zu erreichen. Die Analyse des Wertesystems kann aufzeigen, ob eine Kultur der Zielstrebigkeit und Ausdauer gefördert wird, oder ob eine Tendenz zur Aufgabe und Kurzfristigkeit besteht.

Die Analyse des Wertesystems ermöglicht es, Stärken zu erkennen und Schwächen anzugehen, um die Unternehmenskultur zielgerichtet zu gestalten und nachhaltiges Wachstum zu fördern. Eine klar definierte und gelebte Wertekultur ist eine treibende Kraft bei der Umsetzung Ihrer KI-Roadmap und Ihrer Strategie für die Zukunft.

3.4 Analyse Ihrer Umsetzungsstrukturen

Um Zukunftsstrategien erfolgreich umsetzen zu können, bedarf es geeigneter Strukturen im Unternehmen. In diesem Teil der Analyse bewerten Sie, inwieweit Sie innovationsfördernde Strukturen und Instrumente wie nachfolgend beispielhaft aufgeführten bereits etabliert haben.

Agile Prozesse

Die Einführung agiler Arbeitsprozesse wie Scrum oder Kanban ermöglicht es Teams, sich flexibel auf Veränderungen einzustellen und iterativ Fortschritte zu erzielen. Durch regelmäßige Sprints oder Planungsmeetings können Fortschritte überwacht und schnell auf neue Anforderungen reagiert werden.

Abteilungsübergreifende Teamarbeit

Statt Silos zu bilden, sollten Unternehmen bereichsübergreifende Teams bilden, die gemeinsam an der Umsetzung der Zukunftsstrategie arbeiten. So wird der Informationsfluss verbessert und unterschiedliche Kompetenzen können zu kreativen Lösungen zusammengeführt werden.

Interne Workshops und Trainings

Unternehmen können interne Workshops und Schulungen durchführen, um ihre Mitarbeiterinnen und Mitarbeiter über die Zukunftsstrategie zu informieren und sie für die Herausforderungen und Chancen zu sensibilisieren. Dies fördert das Verständnis und die Identifikation der Mitarbeiterinnen und Mitarbeiter mit der Strategie.

Ideenwettbewerbe

Unternehmen können Ideenwettbewerbe initiieren, bei denen die Mitarbeiterinnen und Mitarbeiter ihre innovativen Ideen einbringen können. Mit Maßnahmen wie Ideenwettbewerben können auch Anwendungsfälle für künstliche Intelligenz identifiziert werden.

Innovation Labs und Experimentierräume

Ein Innovationslabor oder Experimentierraum bietet einen geschützten Raum, in dem Mitarbeiter neue Ideen und Technologien ohne Angst vor Fehlern ausprobieren können. Dies fördert die Innovationskultur und ermutigt zu neuen Ansätzen.

Kooperationspartnerschaften

Die Zusammenarbeit mit externen Partnern wie Forschungseinrichtungen oder Start-ups kann zusätzliches Know-how und Ressourcen einbringen und die Umsetzung von Innovationsprojekten beschleunigen.

Tipp: Nutzen Sie innovative Arbeitsweisen

Analysieren Sie, welche Arbeitsweisen und Methoden Sie bereits im Unternehmen etabliert haben. Nehmen wir an, Sie führen aktuell keine Ideenwettbewerbe durch. Fragen Sie, ob eine grundsätzliche Offenheit Ihrer Beschäftigten dafür besteht.

Wenn ja, können Sie durch die Auswahl dieses innovativen Ansatzes wirksam kommunizieren, dass Sie als Unternehmen Interesse daran haben, dass sich Beschäftigte aktiv einbringen. Das ist eine effektive Methode zur Stärkung von unternehmerischem Denken und proaktivem Handeln.

3.5 Analyse Ihrer Führung

Führungskräfte sind Schlüsselpersonen, die die Richtung und den Ton der Organisation maßgeblich bestimmen. In der Analyse erfahren Sie, welche Führungskultur in Ihrem Unternehmen vorherrscht, auf welchen Stärken Sie aufbauen können und inwieweit die entscheidenden Kompetenzen zur Umsetzung Ihrer KI-Roadmap bereits vorhanden sind.

Visionäre Führung

Führungskräfte, die eine zielorientierte Umsetzungskultur fördern wollen, brauchen eine klare und inspirierende Vision. Sie sind in der Lage, ihren Mitarbeitenden eine Vorstellung davon zu vermitteln, wohin die Reise gehen soll und warum es so wichtig ist, sich als Unternehmen mit den Auswirkungen künstlicher Intelligenz auseinanderzusetzen.

Eine visionäre Führungskraft inspiriert die Mitarbeiterinnen und Mitarbeiter, sich aktiv an der Umsetzung der Zukunft zu beteiligen, nach Anwendungsfällen für KI-Lösungen zu suchen und Innovationen voranzutreiben.

Führungskräfte ohne klare Vision neigen dazu, nur kurzfristige Ziele zu verfolgen und die langfristige Ausrichtung des Unternehmens, des Standorts oder des Bereichs unklar zu lassen. Dies führt gerade im Kontext der Einführung von KI zu Demotivation und Konfusion mit entsprechend negativen Auswirkungen auf Ihre Umsetzungskultur.

Lernende Organisation fördern

Eine zielorientierte Umsetzungskultur erfordert eine lernende Organisation, die bereit ist, aus Erfolgen und Misserfolgen zu lernen. Führungskräfte sollten ein Umfeld schaffen, in dem Experimentieren und Innovation gefördert werden.

> »Gerade im Zusammenhang mit der schnellen Entwicklung von KI-Anwendungen ist es wichtig, kontinuierliches Lernen zu fördern. Fehler sollten als Lernchancen gesehen werden.«

Dies ermöglicht es den Mitarbeitern, neue Ideen voranzutreiben und sich kontinuierlich zu verbessern.

Führungskräfte, die eine fehlerintolerante Kultur schaffen, behindern den Innovationsprozess und damit die Umsetzung ihrer KI-Roadmap. Mitarbeiter fühlen sich nicht ermutigt, Risiken einzugehen und neue Ideen auszuprobieren, was das Wachstum und die Entwicklung der Organisation behindern kann.

Befähigung und Delegation

Eine zielorientierte Umsetzungskultur erfordert eine klare Verteilung von Verantwortung und Befugnissen. Führungskräfte sollten ihre Mitarbeiterinnen und Mitarbeiter ermutigen, Verantwortung zu übernehmen und eigenständig Entscheidungen zu treffen. Durch Empowerment fühlen sich die Mitarbeiter befähigt und engagiert, was die Umsetzungskultur stärkt. Führungskräfte, die alles kontrollieren und Entscheidungen zentralisieren, ersticken das Potenzial ihrer Mitarbeiter und behindern den Innovationsfluss. Dies kann dazu führen, dass wertvolles Know-how und Kreativität nicht genutzt werden.

Kooperation und Kommunikation fördern

Eine zielorientierte Umsetzungskultur erfordert eine offene und transparente Kommunikation sowie die Förderung der Zusammenarbeit zwischen den Abteilungen. Führungskräfte sollten eine Kultur schaffen, in der Wissen geteilt wird und Teams zusammenarbeiten, um gemeinsame Ziele zu erreichen.

Führungskräfte, die Silos schaffen und die Kommunikation einschränken, behindern den Informationsfluss und die Innovationsmöglichkeiten. Das Ergebnis sind isolierte Abteilungen, die nicht effektiv zusammenarbeiten können.

Die Fähigkeiten der Führungskräfte haben einen entscheidenden Einfluss auf die Schaffung einer zielorientierten Umsetzungskultur – eine wichtige Voraussetzung für die erfolgreiche Umsetzung ihrer KI-Roadmap und ihrer Zukunftsstrategie.

Durch die Analyse erkennen Sie, durch welche Merkmale Ihre Führungskultur geprägt ist. Eine wichtige Voraussetzung für eine Strategie, die die Stärken Ihrer Führungskultur berücksichtigt.

3.6 Analyse Ihrer Ressourcen

Der erfolgreiche Einsatz von KI erfordert einen sinnvollen Einsatz von Ressourcen. Welche Ressourcen für die Einführung von KI benötigt werden und wie die bereits vorhandenen Ressourcen eines Unternehmens die KI-Strategien beeinflussen können, wird in diesem Kapitel erörtert.

Zeit für die Implementierung

Die Einführung von KI erfordert Zeit und sorgfältige Planung. Unternehmen sollten für das Verständnis der Anforderungen, die Auswahl geeigneter KI-Technologien, die Entwicklung von Modellen und die Integration in die Geschäftsprozesse ausreichend Zeit einplanen.

Geld für die notwendigen Investitionen

Der finanzielle Aspekt ist entscheidend für die erfolgreiche Einführung von KI. Investitionen in die notwendige Infrastruktur, die Anschaffung von KI-Plattformen oder die Zusammenarbeit mit externen KI-Anbietern können notwendig sein.

Räumlichkeiten und IT-Infrastruktur

Für die Entwicklung und den Betrieb von KI-Anwendungen sind die richtige IT-Infrastruktur und geeignete Räumlichkeiten erforderlich. Leistungsfähige Rechenzentren, Speicherressourcen und eine stabile Netzwerkanbindung sind für KI-Modelle von entscheidender Bedeutung.

Datenverfügbarkeit und Datenqualität

Die Qualität und Verfügbarkeit von Daten hat einen enormen Einfluss auf die Umsetzung von KI-Projekten. Unternehmen, die bereits über umfangreiche und qualitativ hochwertige Daten verfügen, können KI-Modelle schneller entwickeln und effektiver einsetzen.

Die einem Unternehmen zur Verfügung stehenden Ressourcen haben einen entscheidenden Einfluss darauf, welche KI-Strategien zur Entwicklung und Umsetzung in die Praxis umgesetzt werden können.

3.7 Teamanalysen

In diesem Teil der Analyse werden die Faktoren untersucht, die zur Entwicklung innovativer Ergebnisse (dazu zählen Anwendungsfälle künstlicher Intelligenz) in einem Team beitragen. Dazu zählen beispielsweise Fachwissen, Problemlösungskompetenz, Spaß an der Ideenentwicklung, gegenseitige Unterstützung und Zielorientierung.

Fachwissen

Ein Team mit unterschiedlichen Fachkenntnissen und Kompetenzen kann kreative Ansätze für den Einsatz von KI-Lösungen entwickeln, die aus verschiedenen Blickwinkeln betrachtet werden. Die Vielfalt der Fachgebiete ermöglicht es dem Team, unterschiedliche Perspektiven einzubringen und innovative Ansätze zu finden, die sonst möglicherweise übersehen worden wären.

In der KI-Potenzialanalyse wird sowohl das Anwendungswissen (wie setze ich KI-Lösungen ein?) als auch das Entwicklungswissen (wie entwickle ich KI-Lösungen?) abgefragt.

Problemlösungskompetenz

Ein Team mit hoher Problemlösungskompetenz ist in der Lage, Herausforderungen als Chance zu begreifen und Hindernisse zu überwinden.

Spaß an der Entwicklung von KI-Anwendungsfällen

Ein positiver und motivierter Teamgeist ist ein wichtiger Faktor für die Einführung von KI-Lösungen. Wenn die Teammitglieder Spaß und Freude an der Entwicklung neuer Anwendungsfälle haben, sind sie eher bereit, neue Wege zu gehen und innovative Lösungsansätze auszuprobieren.

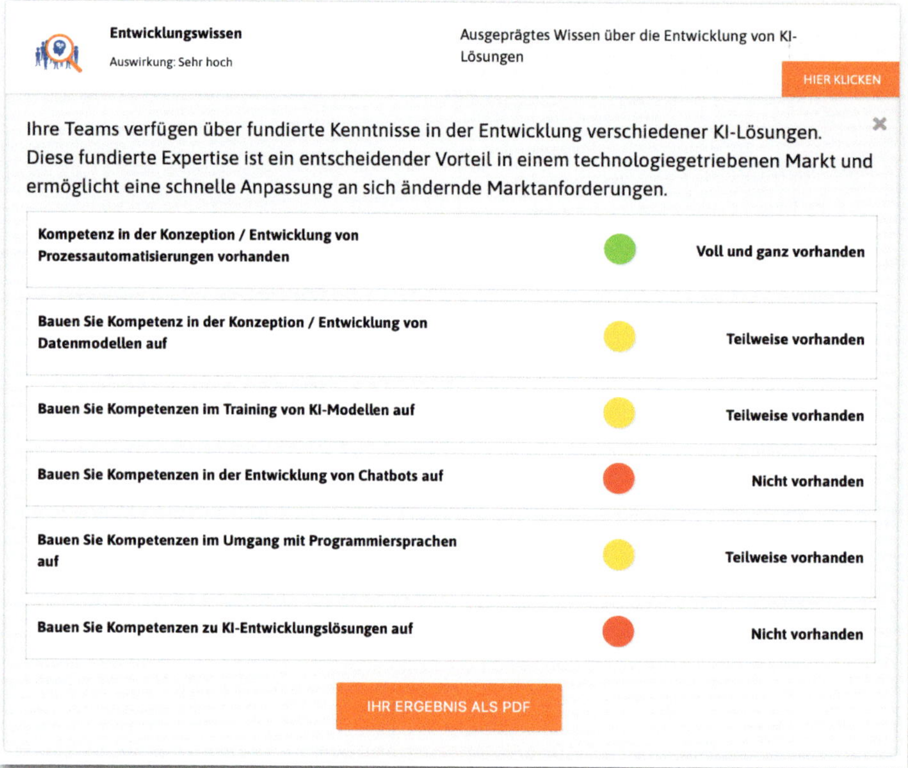

Die KI-Potenzialanalyse zeigt auf, über welches Wissen Ihre Teams verfügen.

»Kreative Lösungen erfordern die Fähigkeit, bestehende Probleme zu erkennen, neue Ansätze zu entwickeln und diese erfolgreich umzusetzen.«

Gegenseitige Unterstützung

In einem Team, das sich gegenseitig unterstützt, fühlen sich die Mitglieder ermutigt, ihre Ideen einzubringen und zu teilen. Ein unterstützendes Umfeld fördert ein offenes und kooperatives Klima, in dem sich alle Teammitglieder gehört und wertgeschätzt fühlen.

Zielorientierung

Eine klare Ausrichtung auf gemeinsame Ziele ist für die Entwicklung innovativer Lösungsansätze von entscheidender Bedeutung. Ein Team, das klar definierte Ziele verfolgt, kann sich darauf konzentrieren, Ideen zu generieren und Strategien zu entwickeln, um diese Ziele zu erreichen.

Fehlerkultur und Lernfähigkeit

Ein Team sollte eine Fehlerkultur pflegen, in der das Experimentieren mit neuen Ideen und das Lernen aus Fehlern als wertvolle Erfahrungen angesehen werden. Die Bereitschaft, aus Fehlern zu lernen und neue Ansätze auszuprobieren, fördert die Entwicklung innovativer Lösungen. Ein Team, das über Fachwissen verfügt, Probleme effektiv lösen kann, Freude an der Entwicklung von Ideen für KI-Anwendungen hat, sich gegenseitig unterstützt und klar auf gemeinsame Ziele ausgerichtet ist, schafft ein Umfeld, in dem kreative Lösungen gedeihen können.

3.8 Analyse der Anreizsysteme

Die erfolgreiche Einführung von KI-Anwendungsfällen erfordert die aktive Unterstützung und Beteiligung von Führungskräften und Mitarbeitern. Um diese Unterstützung zu gewinnen, ist es wichtig, geeignete Anreize zu schaffen, die sie motivieren und ermutigen, sich für die Integration von KI einzusetzen. Dazu gehören Faktoren wie die folgenden. Analysieren Sie zunächst, inwieweit Sie bereits die richtigen Anreize geschaffen haben.

Finanzielle Anreize

Finanzielle Anreize können ein wirksames Mittel sein, um Führungskräfte und Mitarbeiter für ihr Engagement bei der Umsetzung von KI-Anwendungsfällen zu belohnen. Dazu gehören Boni, Prämien oder Gewinnbeteiligungen, die an die erfolgreiche Umsetzung von KI-Projekten geknüpft sind. Finanzielle Belohnungen erhöhen das Engagement und steigern die Motivation, innovative KI-Lösungen zu entwickeln und umzusetzen.

Anreize für die persönliche Karriere

Die Aussicht auf persönliche und berufliche Weiterentwicklung ist sowohl für Führungskräfte als auch für Beschäftigte ein großer Anreiz, um die Einführung von KI-Anwendungsfällen zu unterstützen. Laden Sie entsprechend nicht nur Expertinnen und Experten zur Mitarbeit in einem KI-Projekt ein. Sondern auch diejenigen, die Ihre Projekte mit Neugier und hoher Lernbereitschaft unterstützen.

Anreize für freies und zielorientiertes Arbeiten

Die Möglichkeit, freies und zielorientiertes Arbeiten zu fördern, stimuliert Kreativität und Innovationskraft.

Tipp: So fördern Sie zielorientiertes Arbeiten

Als Unternehmen können Sie Projekte oder Innovation Time Off anbieten, in denen Beschäftigte Zeit und Raum haben, eigene Ideen zu entwickeln und innovative Lösungen voranzutreiben.

Anerkennung und Lob

Anerkennung und Lob für besondere Leistungen im Bereich KI motivieren Ihre Mitarbeiterinnen und Mitarbeiter. Die öffentliche Anerkennung von Erfolgen und die Wertschätzung der Beiträge der Mitarbeiter können dazu beitragen, eine positive Kultur der Unterstützung von KI-Anwendungsfällen zu schaffen.

Beteiligung an Entscheidungsprozessen und Projekten

Die Beteiligung von Beschäftigten an Entscheidungsprozessen und KI-Projekten stärkt das Engagement! Wenn Ihre Beschäftigten das Gefühl haben, dass ihre Meinungen und Ideen gehört und geschätzt werden, sind sie eher bereit, sich aktiv für die Einführung von KI einzusetzen.

Die Kombination dieser Anreize stärkt die Unterstützung von Führungskräften und Mitarbeitern für die Einführung von KI-Anwendungsfällen. Unternehmen, die ihre Mitarbeiter aktiv ermutigen und unterstützen, die Potenziale von KI zu erkennen und innovative Lösungen zu entwickeln, schaffen eine positive Innovationskultur und damit einen langfristigen Wettbewerbsvorteil.

3.9 Analyse der Kommunikation

Effektive interne Kommunikation spielt eine entscheidende Rolle bei der Förderung von Innovationsbereitschaft in Unternehmen, insbesondere bei der Einführung von Anwendungen der künstlichen Intelligenz. Die Analyse untersucht verschiedene Faktoren der internen Kommunikation, die das Innovationsklima stärken.

Förderung der bereichsübergreifenden Kommunikation

Die Förderung der bereichsübergreifenden Kommunikation ist für die Förderung von Innovation und den Einsatz von künstlicher Intelligenz entscheidend.

»Der Austausch von Wissen und Ideen zwischen verschiedenen Abteilungen und Teams schafft neue Perspektiven und innovative Lösungsansätze.«

Inoffizielle Netzwerke zu spezifischen Themen

Inoffizielle, themenspezifische Netzwerke spielen eine wichtige Rolle, um Innovationen zu fördern. Mitarbeiterinnen und Mitarbeiter, die sich für ein gemeinsames Thema oder eine gemeinsame Leidenschaft interessieren, bilden häufig informelle Netzwerke. In diesen Netzwerken tauschen sie Ideen aus und lernen voneinander. Als Unternehmen können Sie diese informellen Netzwerke unterstützen, indem Sie bereichsübergreifende Projekte initiieren, in denen Angehörige verschiedener Bereichen gemeinsam Anwendungsfälle für künstliche Intelligenz entwickeln.

Inspiration und neue Informationen von außen

Um Innovationen zu fördern, ist es wichtig, den Horizont zu erweitern und Inspirationen und neue Informationen von außerhalb des Unternehmens einzubeziehen. Externe Quellen wie Konferenzen, Fachzeitschriften, Webinare oder externe Experten liefern wertvolle Impulse und erweitern den Blick über den eigenen Tellerrand. Ermutigen Sie Ihre Mitarbeiterinnen und Mitarbeiter, an solchen Veranstaltungen teilzunehmen und neues Wissen ins Unternehmen zu tragen.

Offene Kommunikationskultur

Eine offene Kommunikationskultur ist grundlegend für die Förderung von Innovation und den Einsatz von KI. Die Beschäftigten sollten ermutigt werden, ihre Ideen und Vorschläge ohne Angst vor Kritik oder Ablehnung mitzuteilen. Die Schaffung eines sicheren und unterstützenden Umfelds für den Ideenaustausch fördert die Innovationsfähigkeit der Mitarbeiter.

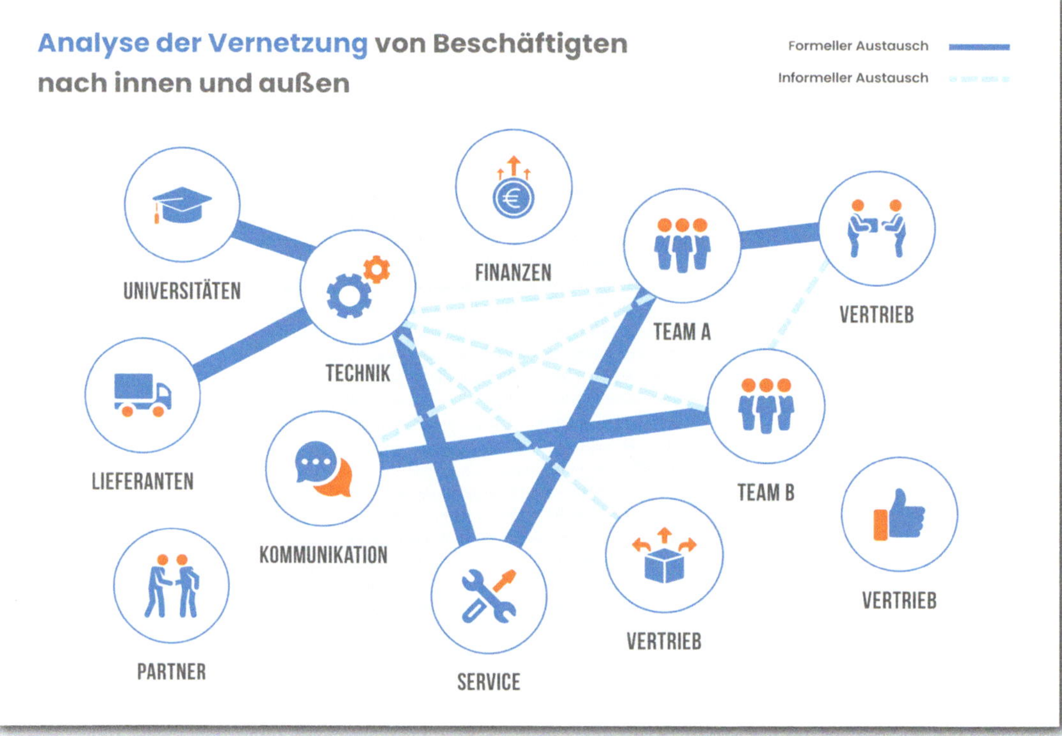
Analyse der Vernetzung von Beschäftigten
nach innen und außen
Formeller Austausch
Informeller Austausch
UNIVERSITÄTEN
FINANZEN
TEAM A
VERTRIEB
TECHNIK
LIEFERANTEN
KOMMUNIKATION
TEAM B
PARTNER
SERVICE
VERTRIEB
VERTRIEB

Kommunikationsplattformen und -werkzeuge

Moderne Kommunikationsplattformen und -werkzeuge spielen eine wichtige Rolle bei der Förderung der internen Kommunikation. Sie helfen, bereichsübergreifende Projekte zu initiieren und umzusetzen. Mehr noch: Sie ermöglichen die temporäre Einbindung von Expertinnen und Experten – auch wenn diese am anderen Ende der Welt arbeiten.

Die Innolytics Software ist ein solches Werkzeug. Sie ermöglicht die Bildung und den Austausch von interdisziplinären Teams und Arbeitsgruppen rund um die Entwicklung und Umsetzung von KI-Anwendungsfällen.

»Zu einer positiven Risikokultur gehört die Akzeptanz, dass nicht alle Initiativen erfolgreich sein können. Unternehmen betrachten das Scheitern nicht als Versagen, sondern als Chance zur Verbesserung.«

3.10 Analyse der Risikokultur

Die Einführung künstlicher Intelligenz (KI) birgt Chancen, aber auch Risiken für Unternehmen. Eine offene und positive Risikokultur ist entscheidend für die erfolgreiche Einführung von KI-Anwendungen. In diesem Teil der Analyse wird die Risikokultur eines Unternehmens bewertet. Faktoren einer positiven Risikokultur sind zum Beispiel die folgenden.

Bereitschaft zum Scheitern

Die Bereitschaft zum Scheitern ermutigt Mitarbeiter, mutige Entscheidungen zu treffen und innovative Ideen zu verfolgen, ohne Angst vor möglichen Konsequenzen zu haben.

Bereitschaft, aus Fehlern zu lernen

Ein wichtiger Aspekt einer positiven Risikokultur ist die Fähigkeit, aus Fehlern zu lernen. Als Unternehmen sollten Sie eine Fehlerkultur fördern, in der die Mitarbeiter ihre Erfahrungen austauschen und aus Fehlern lernen können. Das Lernen aus Fehlern ermöglicht es, zukünftige Risiken besser einzuschätzen und Strategien zu verbessern.

Bereitschaft, Initiativen auch ohne Genehmigung zu ergreifen

Eine positive Risikokultur ermutigt Ihre Beschäftigten, Initiativen zu starten und innovative Ideen voranzutreiben, auch wenn sie noch nicht vollständig genehmigt sind. Es sollte Raum für Experimente und innovative Projekte geben, die Mitarbeiterinnen und Mitarbeiter aus eigenem Antrieb vorantreiben können. Dies fördert die Kreativität und ermöglicht es Unternehmen, schnell auf neue Chancen zu reagieren.

Experimentierkultur fördern

Als Unternehmen sollten Sie eine Experimentierkultur schaffen, in der neue Ideen und Technologien in einem kontrollierten Umfeld erprobt werden können. Pilotprojekte und Machbarkeitsstudien ermöglichen es, die Auswirkungen von KI-Anwendungen zu bewerten, bevor sie auf breiter Basis eingeführt werden. Eine Experimentierkultur fördert Innovationen und erleichtert die Umsetzung von KI-Lösungen. Eine positive Risikokultur ist für den erfolgreichen Einsatz von KI im Unternehmen unerlässlich. Die Bereitschaft, kalkulierte Risiken einzugehen, eröffnet Unternehmen die Möglichkeit, neue KI-Anwendungsfälle auszuprobieren und innovative Ideen umzusetzen.

3.11 Analyse des Arbeitsklimas

Ein positives und dynamisches Arbeitsklima spielt eine wichtige Rolle bei der erfolgreichen Einführung von KI-Lösungen. In diesem Abschnitt erfahren Sie, welche Faktoren des Arbeitsklimas Sie analysieren und gegebenenfalls optimieren sollten.

Motivierendes Arbeitsumfeld

Ein motivierendes Arbeitsumfeld ist von großer Bedeutung, um die Begeisterung und das Engagement Ihrer Beschäftigten für die Einführung von KI-Lösungen zu fördern.

Grad der Formalität/Informalität

Der Grad an Formalität beziehungsweise Informalität des Arbeitsklimas kann einen erheblichen Einfluss auf die Einführung von KI haben. Ein zu starres, formalisiertes Arbeitsumfeld kann die Kreativität und Flexibilität hemmen, die für die Einführung von KI-Lösungen erforderlich sind. Unternehmen, die ein informelleres Arbeitsklima pflegen und Raum für offene Kommunikation und Ideenaustausch bieten, fördern eine Innovationskultur, die Mitarbeiter ermutigt, neue Technologien wie KI zu erforschen und zu nutzen.

Dynamik: Gefühl von Stagnation oder Aufbruch

Das Gefühl von Stillstand oder Aufbruch hat einen großen Einfluss auf die Bereitschaft der Mitarbeiter, sich für die Einführung von KI-Lösungen zu engagieren. In einem dynamischen Arbeitsumfeld, das von Aufbruchstimmung geprägt ist, sind Beschäftigte eher bereit, sich auf neue Herausforderungen einzulassen und die Einführung von KI-Lösungen mitzugestalten.

Ein positives und dynamisches Arbeitsklima schafft ein Umfeld, in dem Innovation und Kreativität gefördert werden, in dem sich die Beschäftigten engagieren und Veränderungen positiv aufnehmen – eine wichtige Voraussetzung für die erfolgreiche Einführung von KI-Lösungen.

Fazit

Eine Analyse der Umsetzungskultur ermöglicht es, Hindernisse und Herausforderungen, die der Einführung von KI-Lösungen im Wege stehen könnten, frühzeitig zu identifizieren. So können potenzielle Risiken proaktiv angegangen und Abhilfemaßnahmen entwickelt werden, um einen reibungslosen Ablauf des KI-Einführungsprozesses zu gewährleisten.

Als Unternehmen können Sie Ihre Ressourcen und Fähigkeiten gezielt einsetzen und weiterentwickeln. Durch die Identifizierung vorhandener Kompetenzen und Potenziale können Sie gezielte Aus- und Weiterbildungsmaßnahmen anbieten, um das Wissen und die Fähigkeiten der Mitarbeiter im Umgang mit KI zu stärken.

Schließlich ermöglicht die Analyse der Umsetzungskultur die Schaffung eines positiven Arbeitsumfelds, das Innovation und Kreativität fördert. Indem Hindernisse wie zu starre Hierarchien oder die Angst vor Fehlern identifiziert und beseitigt werden, wird ein Raum geschaffen, in dem die Beschäftigten ermutigt werden, neue Ideen zu entwickeln und sich aktiv an der Einführung von KI zu beteiligen.

»Mitarbeiterinnen und Mitarbeiter, die sich in ihrem Arbeitsumfeld wohl fühlen, sind motivierter, sich aktiv in neue Projekte einzubringen und innovative Ideen voranzutreiben.«

3.12 Fazit: Die KI-Potenzialanalyse ist die Grundlage Ihrer Strategie

Mit der KI-Potenzialanalyse haben Sie eine umfassende, digital gestützte Analyse nach einem wissenschaftlich fundierten Modell durchgeführt. Sie haben die zentralen strategischen Handlungsfelder identifiziert, in denen die größten Chancen für die Zukunft Ihres Unternehmens liegen. Darüber hinaus kennen Sie die Stärken und Schwächen Ihres Unternehmens in Bezug auf den Einsatz von künstlicher Intelligenz.

Mit den identifizierten strategischen Handlungsfeldern machen Sie sich im nächsten Schritt auf die Suche nach konkreten Anwendungsfällen. Dieser Schritt eröffnet die Möglichkeit, innovative Ideen zu entwickeln, mit denen Sie den Einsatz von KI in einer Weise vorantreiben können, die auf die spezifischen Bedürfnisse Ihrer Organisation zugeschnitten ist.

FÜHREN SIE DIE KI-POTENZIALANALYSE DURCH!

Kostenloses Tool zum Buch

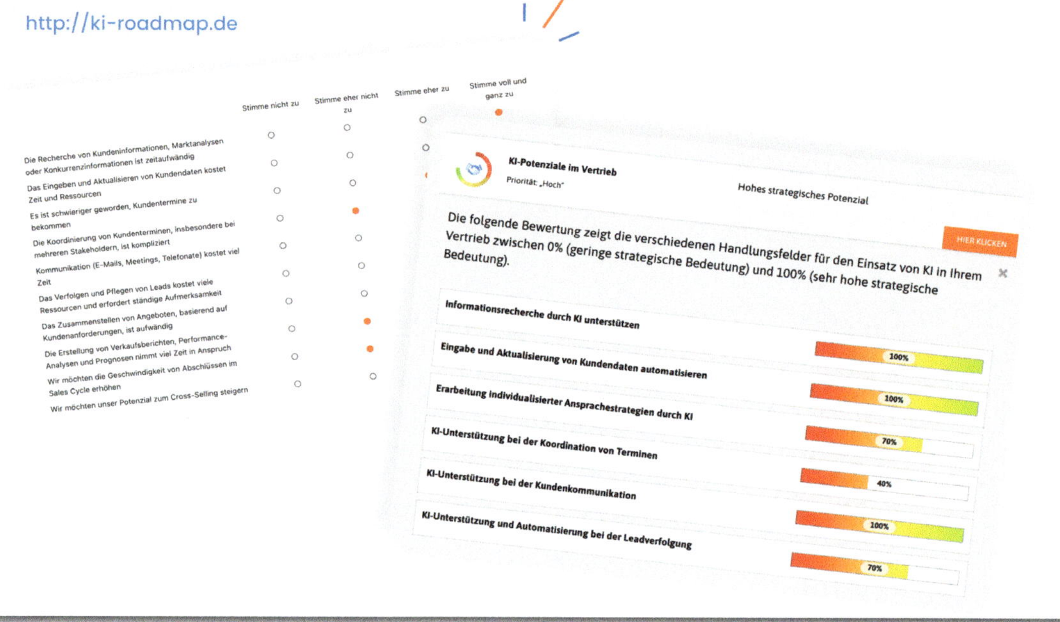

4.

Identifikation von Anwendungsfällen

2
Identifikation von Anwendungsfällen
Identifiziert
3
Marketing
5
Produktion
2
Personal
Marketing
Produktion
Personal
Ideenfluss
Ideenfluss
Ideenallee
400 m

Ein Ergebnis Ihrer Potenzialanalyse könnte beispielsweise sein, dass die größten strategischen Handlungsfelder im Bereich Kundenservice liegen. Hier gibt es konkrete Herausforderungen, die durch künstliche Intelligenz und Automatisierung zu lösen sind.

Natürlich könnten Sie jetzt einfach loslegen, Kolleginnen und Kollegen aus allen Bereichen einladen und fragen: »Wer hat Ideen für den Einsatz von künstlicher Intelligenz im Kundenservice?« Aber das wäre genauso effektiv wie ein Brainstorming ohne Vorgaben und ohne Ziel. Im Buch »Genial ist kein Zufall« haben wir dazu geschrieben:

»Ergebnisse aus Brainstormings sind oft enttäuschend. Statt eines reißenden Ideenflusses kommt ein tröpfelndes Rinnsal an Vorschlägen. Oder die Ideen sprudeln und Sie sind begeistert – aber am nächsten Morgen stellen Sie fest, dass keine brauchbaren dabei sind. Brainstorming ist eher eine Methode, um unterschiedliche Gedanken zusammenzutragen. Zur wirklichen Ideenentwicklung taugt sie wenig.

Die meisten großen Ideen und Erfindungen sind anders entwickelt worden: Systematisch. Diese Art der Ideenentwicklung folgt einer anderen Philosophie: Statt wild umherzuspinnen, werden Ideen Schritt für Schritt entwickelt. Nicht Masse, sondern Klasse steht im Vordergrund.«

Um das schmale Feld des potenziellen Erfolgs zu treffen, müssen Sie anders vorgehen: Sie brauche eine Methode, mit der Sie den Prozess der Ideenentwicklung in die Richtung steuern können, die Sie benötigen.

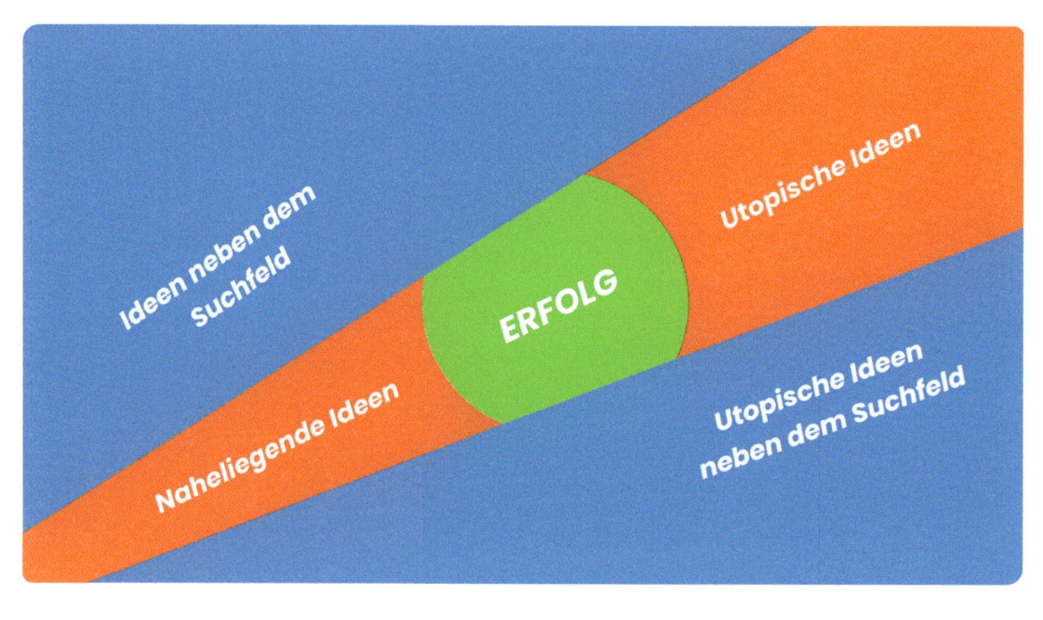
Durch fundierte Methodik zum richtigen Zielfeld
Ideen neben dem Suchfeld
Utopische Ideen
ERFOLG
Naheliegende Ideen
Utopische Ideen neben dem Suchfeld

Für das methodische Vorgehen der KI-Potenzialanalyse habe ich Vorlagen, sogenannte KI-Templates, entwickelt, die Sie für die konkrete Suche nach Anwendungsfällen nutzen können.

Diese Templates finden Sie auch in unserem Softwaretool. Damit ist es möglich, Anwendungsfälle für den Einsatz von KI-Lösungen auch in Form digitaler Kampagnen durchzuführen, was deutlich schneller und effektiver ist als ein klassischer Workshop, der Zeit und Ressourcen in Anspruch nimmt.

»Stellen Sie sich KI-Templates wie Kreativitätstechniken vor, die speziell für die Identifikation von Anwendungsfällen für Automatisierung und künstliche Intelligenz entwickelt wurden.«

4.1 So funktionieren KI-Templates

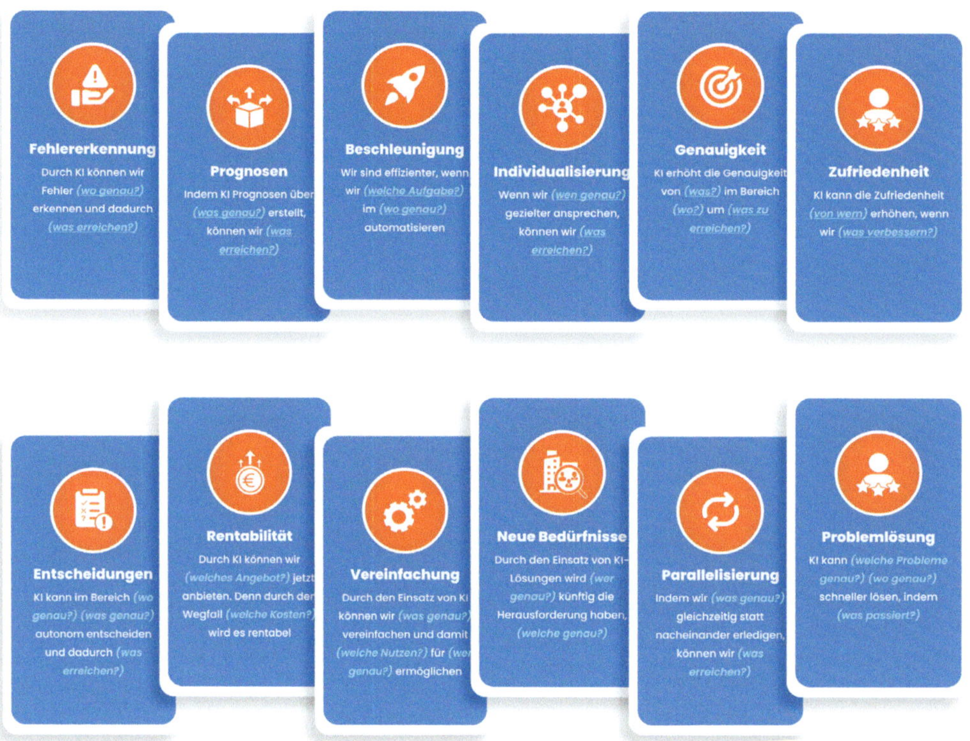

Bei der Entwicklung der Templates habe ich mir Folgendes vorgestellt: Eine künstliche Intelligenz bewirbt sich in Ihrem Unternehmen, als wäre sie ein normaler Mitarbeiter oder eine normale Mitarbeiterin. Wir nennen sie der Einfachheit einmal KIRA, das steht für »Künstliche Intelligenz, Robotik und Automatisierung«. Wie würde so ein Gespräch ablaufen?

Personalleitung: *»Wo genau sehen Sie Ihre Stärken?«*

KIRA: *»Ich kann Dinge sehr schnell erkennen.«*

Personalleitung: *»Sie meinen schneller als ich?«*

KIRA: *»Oh ja, viel schneller.«*

Personalleitung: *»Wie viel schneller genau?«*

KIRA: *»Ich würde sagen, zehn bis hunderttausend Mal schneller als Sie. Und ich mache weniger Fehler dabei.«*

Personalleitung: *»Das klingt sehr interessant, aber was können wir mit Ihrer Fähigkeit anfangen?«*

KIRA: *»Ich kann zum Beispiel Fehler in der Produktion erkennen und damit die Qualität verbessern, Sicherheitslücken erkennen und damit Arbeitsplätze sicherer machen, Produkte zählen und damit aufwendige Inventuren verkürzen. Wenn Sie einen geeigneten Anwendungsfall für mich finden, kann ich mein Talent unter Beweis stellen. «*

Personalleitung: *»Wenn ich Sie richtig verstehe, muss ich mich nur fragen: In welchen Bereichen können wir durch schnellere Objekterkennung was genau erreichen?«*

KIRA: *»Genau das ist die Frage.«*

Aus diesem Gedankenspiel sind die Templates entstanden. Jedes hat seine eigene Funktion und Ausrichtung. In diesem Kapitel lernen Sie die wichtigsten kennen und erfahren, wie Sie sie am besten einsetzen.

4.2 Das Fehlertemplate

Künstliche Intelligenz kann wie ein aufmerksamer Detektiv Fehler aufspüren. Sie verwendet beispielsweise optische Sensoren oder überwacht Datenströme, um Abweichungen vom Normalzustand zu erkennen. Dazu hat die KI-Lösung in einem ersten Schritt gelernt, wie die Dinge richtig erledigt werden. Sobald es eine Abweichung gibt, schlägt sie Alarm. Sie hilft Unternehmen, Probleme frühzeitig zu erkennen und zu beheben, bevor sie zu großen Problemen werden.

Genau hier setzt das Fehlermodell an. Es stellt die folgende Frage.

»Durch KI können wir Fehler (wo genau?) erkennen und dadurch (was erreichen?)«.

Jetzt müssen Sie nur noch – egal ob in einem Innovationsworkshop in Ihrem Unternehmen oder in unserer Software – das Formular ausfüllen. Die Anwendungsfälle und der genaue Nutzen ergeben sich.

Beispielhafte Ergebnisse

»Mit KI können wir Fehler in der Produktion erkennen und dadurch die Fehlerquote senken.«

»Durch KI können wir Fehler beim Beladen von LKW erkennen und so ein Verrutschen der Ladung verhindern.«

»Durch KI können wir Fehler in der Buchhaltung erkennen und dadurch die Zahl der Fehlbuchungen reduzieren.«

Durch die Verwendung des Fehlertemplates wird der Prozess der Identifizierung von Anwendungsfällen effizienter und weniger fehleranfällig. Sie sparen wertvolle Zeit, die ansonsten für das Sammeln, Analysieren und Priorisieren von Informationen benötigt würde.

4.3 Das Prognosetemplate

Künstliche Intelligenz ist in der Lage, auf der Basis von Musteranalysen bestimmte Vorhersagen zu treffen. Zum Beispiel die Wahrscheinlichkeit eines Staus an einer bestimmten Stelle zu einer bestimmten Zeit.

Die Vorhersage, dass unter bestimmten Umständen (schönes oder schlechtes Wetter, Ferienbeginn oder Ferienende) Kunden bestimmte Produkte und Dienstleistungen mehr oder weniger stark nachfragen.

Die Wahrscheinlichkeit, dass beim Eintreten bestimmter technischer Parameter die Wahrscheinlichkeit eines Ausfalls in naher Zukunft steigt.

Stellen Sie sich noch einmal künstliche Intelligenz in einem Bewerbungsgespräch vor. »Schön, dass Sie Entwicklungen vorhersagen können. Aber was nützt mir das?«

Das Prognosetemplate beinhaltet den folgenden Satz.

»Indem KI Prognosen über (was genau?) erstellt, können wir (was erreichen?).«

Jetzt tun sie genau das Gleiche wie beim Fehlertemplate. Sie fügen die entsprechenden Begriffe ein: Anwendungsfälle und den erwarteten Nutzen.

Beispielhafte Ergebnisse

»Indem KI Prognosen über zukünftige Verkaufstrends erstellt, können wir unsere Lagerbestände besser optimieren und Engpässe vermeiden.«

»Indem KI Prognosen über Energieverbrauchsmuster erstellt, können wir unsere Energiekosten senken und umweltfreundlichere Entscheidungen treffen.«

»Indem KI Prognosen über den wahrscheinlichen Ausgang von Tests erstellt, können wir uns auf die vielversprechendsten Tests konzentrieren und die Entwicklungsgeschwindigkeit erhöhen.«

4.4 Das Beschleunigungstemplate

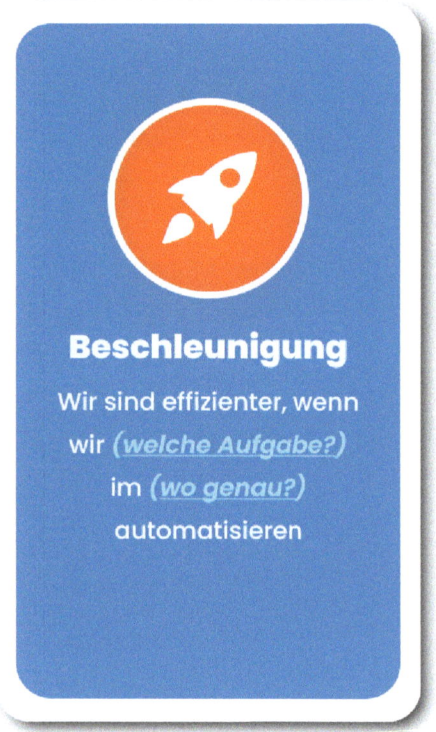

Viele Aufgaben, die in Unternehmen und Organisationen heute noch aufwendig manuell erledigt werden, können in Zukunft automatisiert werden. Denken Sie nur daran, wie viel Zeit es heute kostet, Daten aus verschiedenen Quellen manuell zusammenzutragen und daraus Berichte zu erstellen. Wie lange es dauert, ein internes Meeting zu protokollieren. Oder wie oft Ihr IT-Support mit Routineanfragen beschäftigt ist.

Viele dieser Aufgaben werden in den nächsten Jahren automatisiert. Zum Teil auch deshalb, weil diejenigen, die diese Aufgaben heute erledigen, in Rente gehen und kein Nachwuchs in Sicht ist. Das Beschleunigungsmodell hilft Ihnen, ganz konkrete Anwendungsfälle für die Automatisierung zu identifizieren.

Das Beschleunigungstemplate beinhaltet folgenden Satz:

»Wir sind effizienter, wenn wir (welche Aufgabe?) in (wo genau?) automatisieren.«

Gehen Sie in Gedanken die Tätigkeiten durch, die in Ihrem Unternehmen in den verschiedenen Bereichen manuell ausgeführt werden. Fügen Sie nun die Aufgaben und den genauen Prozess hinzu.

Beispielhafte Ergebnisse

»Wir sind effizienter, wenn wir die Dateneingabe in unserem Buchhaltungsprozess automatisieren.«

»Wir sind effizienter, wenn wir die Bestandsverwaltung in unserem Lager automatisieren.«

»Wir sind effizienter, wenn wir die Kundenkommunikation in unserem Helpdesk automatisieren.«

Dieses Beispiel zeigt, warum es so wichtig ist, in konkreten Anwendungsfällen und nicht in Technologien zu denken.

Vielleicht brauchen Sie gar keine künstliche Intelligenz, sondern nur eine Schnittstelle, um die Dateneingabe im Buchhaltungsprozess zu automatisieren. Oder 80 Prozent des Nutzens können bereits durch regelbasierte Algorithmen erzielt werden. Genau diese Abwägung werden Sie später treffen.

Tipp: Werden Sie konkret!

Zerlegen Sie Ihre Tätigkeiten und Prozesse in kleine Schritte. Je konkreter Sie bei der Anwendung des Beschleunigungstemplate werden, desto besser werden die Ergebnisse.

4.5 Das Individualisierungstemplate

Wir leben in einer Zeit der Informationsflut. Während wir früher mühsam nach Informationen suchten, werden wir heute förmlich überflutet: E-Mails, Nachrichtenportale, Social Media, interne Unternehmenskommunikation, Messenger und vieles mehr fordern ständig unsere Aufmerksamkeit. Empfänger von Informationen scannen diese kurz auf Relevanz. Im Bruchteil einer Sekunde entscheidet sich, ob eine Information gelesen oder ignoriert wird.

Ob im Marketing, im Vertrieb, im Kundenservice oder auch in der internen Unternehmenskommunikation: Empfänger von Botschaften werden deutlich besser erreicht, wenn die Ansprache individualisiert wird. Aber auch Produkte und Dienstleistungen werden zunehmend stärker personalisiert.

Künstliche Intelligenz bietet die Möglichkeit, Kunden und Empfänger von Botschaften deutlich individueller anzusprechen, als dies bisher möglich war. Oder Produkte und Dienstleistungen deutlich individueller zu gestalten. Die Frage ist: Welchen Nutzen haben Sie davon?

Um Antworten auf diese Fragen zu stellen, können Sie das Individualisierungstemplate nutzen.

»Wenn wir [was genau?] für [wen genau?] individualisieren, können wir [was genau?] erreichen?«

Ersetzen Sie die erste Frage in Klammern durch das, was Sie tun wollen, die zweite Frage durch die Zielgruppe, die Sie erreichen wollen, und die dritte Frage durch den Nutzen, den Sie daraus ziehen.

Beispielhafte Ergebnisse

»Wenn wir Kleidung für ältere Kundinnen individualisieren, können wir sie teurer verkaufen.«

»Wenn wir Newsletter für Beschäftigte individualisieren, können wir die Öffnungsrate erhöhen.«

»Wenn wir die Vertriebsleitfäden für potenzielle Kunden individualisieren, können wir die Terminbuchungsrate erhöhen.«

4.6 Das Genauigkeitstemplate

Vieles, was wir heute tun, beurteilen wir intuitiv mit unserem Wissen.

Beispiele für ungenaue Analysen
Eine Ärztin stellt Diagnosen aufgrund von Patientenbeschreibungen und zum Beispiel der Auswertung von Blutwerten. Ein Jurist beurteilt die Rechtslage aufgrund einer kurzen Literaturrecherche. Eine Marketingabteilung wertet Kundenbefragungen aus und interpretiert die Ergebnisse intuitiv.

Oft führt dies zu sehr guten Entscheidungen, auch wenn sie ungenau sind. Ungenauigkeit ist an sich nichts Schlechtes.

Für Unternehmen stellt sich die Frage: Gibt es Bereiche, in denen eine Erhöhung der Genauigkeit zu besseren Ergebnissen führt? Was wäre, wenn eine Anwaltskanzlei auf Knopfdruck eine fundierte Einschätzung aller vergleichbaren Rechtsfälle und Gerichtsurteile der Vergangenheit erhalten würde? Die Bewertung wäre sicherlich genauer. Aber wo genau läge der Nutzen? Was wäre, wenn in Sekundenbruchteilen die Blutwerte und die Krankengeschichte eines Patienten mit denen von Millionen anderer Patienten verglichen würden? Könnte das die Diagnose verbessern?

Um diese Frage zu beantworten, gibt es das Genauigkeitstemplate.

»KI erhöht die Genauigkeit von [was?] im Bereich von [wo?], um [was zu erreichen?].«

Wie auch bei den anderen Templates ersetzen Sie jetzt die kursiv geschriebenen Begriffe.

Beispielhafte Ergebnisse

»KI erhöht die Genauigkeit medizinischer Diagnosen in der Radiologie, um Krankheiten frühzeitig zu erkennen und die Patientenversorgung zu verbessern.«

»KI erhöht die Genauigkeit von Wettervorhersagen in der Meteorologie, um bessere Entscheidungsgrundlagen für die landwirtschaftliche Planung und die Katastrophenvorsorge zu schaffen.«

»KI erhöht die Genauigkeit der Betrugserkennung bei Finanzdienstleistungen, um betrügerische Aktivitäten aufzudecken und die Sicherheit von Transaktionen zu erhöhen.«

4.7 Das Zufriedenheitstemplate

In der Zusammenarbeit mit Kunden, Partnern, Mitarbeitern und Lieferanten kommt es immer wieder zu Schwierigkeiten: Die eine Seite benötigt Informationen, die die andere Seite gerade nicht liefern kann. Abläufe verzögern sich, weil die entscheidungsbefugte Person gerade im Urlaub ist. Oder Leistungen werden nicht so erbracht, wie es die andere Seite wünscht. Die Zufriedenheit nimmt stetig ab. Hier kann künstliche Intelligenz helfen.

Beispiele: KI steigert die Zufriedenheit

KI-basierte Systeme können Kunden- und Lieferantenanfragen automatisch priorisieren und weiterleiten, was Reaktionszeiten verkürzt und Beziehungen stärkt.

Verwenden Sie das Zufriedenheitstemplate, um Anwendungsfälle in Ihrem Unternehmen zu identifizieren, die dazu beitragen, die Zufriedenheit anderer Parteien zu erhöhen.

Bei (von wem?) geben Sie die Zielgruppe an, deren Zufriedenheit Sie verbessern möchten. Bei (was verbessern?) tragen Sie ein, was Sie verbessern möchten.

Beispielhafte Ergebnisse

»KI kann die Zufriedenheit von Bewerbern erhöhen, indem wir den Bewerbungsprozess beschleunigen und verbessern.«

»KI kann die Zufriedenheit von Lernenden verbessern, indem wir personalisierte Lernpläne und Feedback entwickeln.«

»KI kann die Zufriedenheit von Patienten verbessern, indem wir unsere Termine auf Basis der tatsächlichen zu erwartenden Behandlungsdauer planen.«

Sie werden sich vielleicht sagen: »Aber einige dieser Ergebnisse steigern doch auch die Effizienz des Unternehmens. Können wir nicht die gleichen Ergebnisse erzielen, wenn wir zum Beispiel das Beschleunigungstemplate verwenden?«

Das ist richtig. Bei der Verwendung der Templates kommt es zu Dopplungen. Aber das macht nichts. Das Zufriedenheitstemplate existiert, damit Sie den Einsatz von KI nicht nur durch die reine Effizienzbrille betrachten. Es kann zum Beispiel sein, dass Ihnen der Einsatz einer bestimmten KI-Lösung zwar wenig an Effizienz bringt, dafür aber die Zufriedenheit von Lieferanten oder Kunden massiv steigert.

Um solche Fälle nicht zu übersehen, können Sie das Zufriedenheitstemplate verwenden.

»KI kann die Zufriedenheit (von wem?) verbessern, wenn wir (was verbessern?).«

4.8 Das Entscheidungstemplate

In vielen Bereichen haben wir uns bereits daran gewöhnt, Entscheidungen einem Algorithmus oder einer künstlichen Intelligenz zu überlassen.

Beispiel: KI trifft Entscheidungen

Sie sind mit dem Auto unterwegs, vor Ihnen bildet sich ein Stau. Das Navigationsgerät schlägt eine Ausweichroute vor. Aus Hunderttausenden von Möglichkeiten, den Stau zu umfahren, hat das Gerät gerade selbstständig die beste ausgewählt. Würde Ihr Auto autonom fahren, würde es die Entscheidung sogar selbst treffen.

Wie wäre der Entscheidungsprozess in einem Unternehmen möglicherweise abgelaufen? Die Arbeitsgruppe Transportoptimierung hätte sich getroffen, um die verschiedenen Faktoren zu bewerten, die für die Planung einer Umleitungsstrecke erforderlich sind. Die Abteilung für effiziente Routenplanung hätte einen Vorschlag gemacht, der von der Geschäftsleitung hätte genehmigt werden müssen.

Entscheidungsprozesse in Unternehmen sind oft langwierig. Je mehr Fachabteilungen in den Abwägungs- und Entscheidungsprozess einbezogen werden, desto aufwendiger und teurer werden sie.

Mit dem Entscheidungstemplate gehen Sie gezielt auf die Suche nach Anwendungsfällen, in denen Sie durch automatisierte Entscheidungen einen großen Vorteil gewinnen.

»KI kann im Bereich (wo genau?) (was genau?) autonom entscheiden und dadurch (was erreichen?).«

Beispielhafte Ergebnisse

»KI kann im Bereich der Finanzanalyse autonom entscheiden, welche Investmentoptionen am vielversprechendsten sind und dadurch die Rentabilität steigern.«

»KI kann im Bereich der Lieferkettenplanung autonom entscheiden, welche Lieferwege die effizientesten sind, und dadurch die Lieferzeiten verkürzen.«

»KI kann im Bereich der Energieverwaltung autonom entscheiden, welche Geräte in einem Gebäude ein- oder ausgeschaltet werden sollten und dadurch den Energieverbrauch optimieren.«

4.9 Das Rentabilitätstemplate

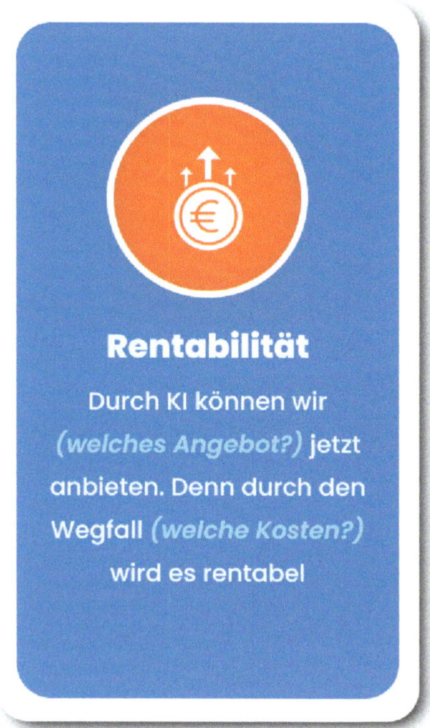

Haben Sie nicht auch schon von einem eigenen Nachrichtenportal für Ihren Stadtteil geträumt? Neuigkeiten aus der Bezirksvertretung erreichen Sie sofort. Wenn ein Hubschrauber über dem Park kreist, wissen Sie sofort warum. Und wenn die Handballmannschaft des Nachbarvereins gegen die aus dem anderen Stadtteil gewinnt, erfahren Sie es sofort. Warum hat es das eigentlich noch nie gegeben? Nachrichten aus dem eigenen Umfeld interessieren Menschen doch am meisten ...

Ganz einfach: Für ein solches Nachrichtenportal hätte es mindestens fünf Vollzeitstellen gebraucht. Eine für die Pflege des Portals, zwei für die Produktion der Inhalte und zwei für die Finanzierung durch Werbung und Abonnements. Das Geschäftsmodell Stadtteil-Nachrichtenportal war schlichtweg nicht lukrativ. Künstliche Intelligenz kann das ändern.

Beispiel: Spielberichte der Regionalliga

Schon heute nutzen Portale wie fussifreunde.de künstliche Intelligenz, um Spielberichte zu verfassen, zum Beispiel SV Meppen gegen Hannover 96 (U23). Das Prinzip ist einfach: Aus den wichtigsten Informationen zum Spiel (Wer spielt gegen wen? Wie heißt der Schiedsrichter? In welcher Minute hat wer ein Tor geschossen?) wird automatisch ein Bericht erstellt.

Mit dem Rentabilitätstemplate gehen Sie auf die Suche nach Geschäftsmodellen, die eigentlich auf der Hand liegen, die sich aber bislang aufgrund der hohen Personalkosten nicht rechnen. Erst durch Automatisierung werden diese Geschäftsmodelle rentabel.

Ersetzen Sie (welches Angebot?) durch das konkrete Produkt oder die Dienstleistung, die Sie jetzt anbieten können. Und ersetzen Sie (welche Kosten?) durch den jetzt wegfallenden Faktor, der es rentabel macht.

Beispielhafte Ergebnisse

»Durch KI können wir Touristen personalisierte Reisepläne vorschlagen. Durch den Wegfall der Beratungskosten wird es rentabel.«

»Durch KI können wir automatisierte Sicherheitskontrollen für kleinere Objekte anbieten. Durch den Wegfall der Personalkosten für den Sicherheitsdienst wird es rentabel.«

»Durch KI können wir automatisierte Vertragsprüfungen für Unternehmen anbieten. Durch den Wegfall der Anwaltskosten wird es rentabel.«

»Durch KI können wir (welches Angebot?) jetzt anbieten. Durch den Wegfall von (welche Kosten?) wird es rentabel.«

4.10 Das Vereinfachungstemplate

Sind Sie auch schon einmal an Photoshop verzweifelt? Wenn Sie zum Beispiel Objekte freistellen wollen, finden Sie im Internet Anleitungen wie diese.

Beispiel: Anleitung für Photoshop

Wählen Sie den Zauberstab oder die Schnellauswahl, fahren Sie einmal mit der Maus über das Objekt, damit Photoshop die Ränder des Objekts selbstständig markiert. Abschließend können Sie das markierte Objekt mit »Strg + C« kopieren oder mit »Strg + X« ausschneiden.

Wie funktioniert das auf dem iPhone? Sie tippen eine Person an, lassen den Finger eine halbe Sekunde auf dem Display und schon ist sie ausgeschnitten. Jetzt können Sie die Person ganz einfach in ein anderes Bild einfügen oder das ausgeschnittene Bild per E-Mail verschicken. Natürlich sprechen wir hier von zwei unterschiedlichen Zielgruppen. Aber das Beispiel zeigt eindrucksvoll:

Durch den Einsatz von künstlicher Intelligenz können Anwendungen vereinfacht werden, die bisher eine aufwendige Schulung erforderten.

Das Vereinfachungstemplate dient dazu, systematisch auf die Suche nach Anwendungsfällen zu gehen, bei denen Sie durch Vereinfachung neue Kunden gewinnen oder die Zufriedenheit bestehender Kunden steigern können.

»Durch den Einsatz von KI können wir (was genau?) vereinfachen und dadurch (welchen Nutzen?) für (wen genau?) ermöglichen.«

Ersetzen Sie (was genau?) durch ein Produkt, eine Dienstleistung, einen Geschäftsprozess oder eine konkrete Tätigkeit, die Sie vereinfachen möchten.

Tragen Sie bei (welchen Nutzen?) den konkreten Nutzen ein, den Sie schaffen wollen. Und definieren Sie (für wen genau?), für wen dieser Nutzen nützlich ist.

Beispielhafte Ergebnisse

»Durch den Einsatz von KI können wir die Erklärung der Wohngeldabrechnungen vereinfachen und dadurch eine bessere Verständlichkeit für Wohnungseigentümer ermöglichen.«

»Durch den Einsatz von KI können wir die Bearbeitung von Videos vereinfachen und dadurch eine schnellere Videobearbeitung für unsere Kunden ermöglichen.«

»Durch den Einsatz von KI können wir die Bedienung unserer Produktionsanlagen vereinfachen und dadurch eine schnellere Einarbeitung für neue Fachkräfte ermöglichen.«

4.11 Das Bedürfnistemplate

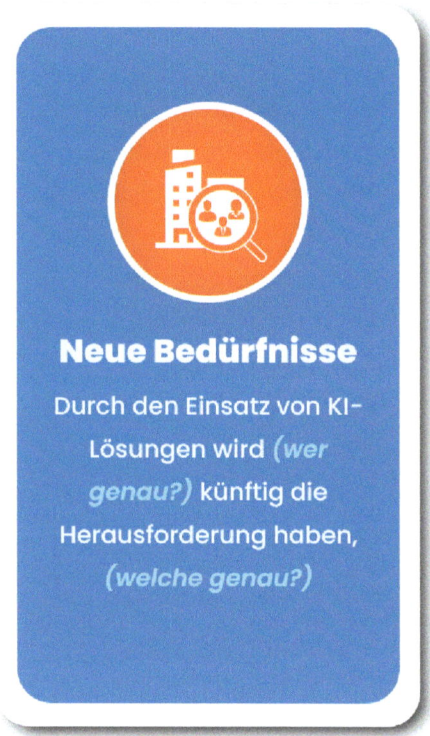

Der zunehmende Einsatz von künstlicher Intelligenz im privaten und geschäftlichen Umfeld schafft neue Bedürfnisse.

Beispiel: Das Bedürfnis hinter diesem Buch

Bevor ich dieses Buch geschrieben habe, habe ich mir die Frage gestellt: Welcher Bedarf entsteht jetzt innerhalb von Unternehmen? Die Antwort lautet: das Bedürfnis nach Orientierung. Dieses Bedürfnis entsteht erst in dem Moment, in dem eine Geschäftsführung oder ein Vorstand darüber nachdenkt, wie ein Unternehmen von künstlicher Intelligenz profitieren kann.

Vorher existiert dieses Bedürfnis nicht. Es entsteht erst zu einem bestimmten Zeitpunkt im Rahmen eines klar definierbaren Denkprozesses.

Die Überlegung, welches Bedürfnis bei potenziellen oder bestehenden Kunden durch den Einsatz von künstlicher Intelligenz entsteht, bietet Chancen. Um diese Chancen zu ergreifen, können Sie das Bedürfnistemplate nutzen.

»Durch den Einsatz von KI-Lösungen wird (wer genau?) in Zukunft vor der Herausforderung stehen, (welche genau?).«

Ersetzen Sie (wer genau?) durch die Person, die den Bedarf in Zukunft haben wird. Und beschreiben Sie die Herausforderung.

Beispielhafte Ergebnisse

»Durch den Einsatz von KI-Lösungen wird eine Personalabteilung in Zukunft vor der Herausforderung stehen, KI-Expertinnen und -Experten zu gewinnen.«

»Durch den Einsatz von KI-Lösungen wird eine Universitätsprofessorin künftig die Herausforderung haben, neue Lehrkonzepte zu entwickeln.«

»Durch den Einsatz von KI-Lösungen wird ein Logistikunternehmen künftig die Herausforderung haben, dass Kunden kürzere Lieferzeiten erwarten.«

4.12 Fazit

Mithilfe der zehn Templates können Sie den Prozess der Ideengenerierung konkretisieren und methodisch angeleitet die Qualität Ihrer Vorschläge deutlich verbessern. Anstatt wie früher bei einem Brainstorming hundert oder mehr Ideen zu entwickeln und dann mühsam die besten herauszufiltern, basiert dieser Ansatz auf einer anderen Herangehensweise.

Sie generieren weniger Ideen, dafür aber hochwertigere. Sie konzentrieren sich von vornherein ganz konkret auf bestimmte Bereiche und Anwendungsfälle. Und kommen so sehr schnell zu qualitativ hochwertigen Anwendungsfällen.

Tipp: Nutzen Sie ChatGPT als Sparringspartner bei der Entwicklung Ihrer Ideen!
Künstliche Intelligenz unterstützt Sie auch bei der Suche nach Anwendungsfällen für künstliche Intelligenz. Geben Sie dazu folgenden Promt in ChatGPT ein.

»Bitte erstellen Sie eine Liste mit zehn Beispielen für (hier geben Sie Ihre Branche und/oder ein konkretes Themengebiet an). Diese Liste sollte Geschäftsmodelle enthalten, die erst durch den Einsatz von künstlicher Intelligenz profitabel werden. Bitte folgen diesem Muster:

Durch KI können wir (welches Angebot?) jetzt anbieten. Durch den Wegfall von (welchen Kosten?) wird es profitabel.

Ersetzen Sie (welches Angebot?) durch das konkrete Produkt oder die Dienstleistung, die jetzt angeboten werden kann. Und ersetzen Sie (welche Kosten?) durch den Faktor, der es rentabel macht.«

Genau das habe ich getan, als ich dieses Buch geschrieben habe.

Sie werden schnell merken, dass ChatGPT Ihre Ideen nicht ausarbeitet, sondern Sie inspiriert und unterstützt. Die Vorschläge, die Sie erhalten, sind manchmal verblüffend. Manchmal aber auch banal und oberflächlich. Ihre Aufgabe ist es, die Ergebnisse zu bewerten, umzuformulieren, auszusortieren oder als Grundlage für eigene Gedanken zu verwenden. Von einer künstlichen Intelligenz kann man vieles erwarten, aber sicher keine Wunder.

In unserer Software, die dieses Buch ergänzt, haben wir eine Schnittstelle zu OpenAI mit vorkonfigurierten Prompts integriert. Damit können Sie zum Beispiel im Rahmen einer digitalen Ideenkampagne für KI-Anwendungsfälle sehr einfach und sehr effizient qualitativ hochwertige Antworten generieren.

5.

Business-Case-Szenarien berechnen

3
Business Case
Potenziale evaluieren
Investitionen berechnen
Business Plan Road
Business Plan Road
Zur Nutzenberechnung
300 m
Business Cases
13
Gesamt
5
Positiv
2
Negativ

Was bringt KI und wie berechnet man das?

Die Aussicht auf effizientere Prozesse, personalisierte Kundenansprache und datengestützte Entscheidungen regt die Fantasie an. Gerade deshalb ist es entscheidend, sich nicht von Träumen und Visionen leiten zu lassen, sondern den konkreten Nutzen potenzieller KI-Lösungen genau zu definieren. Unternehmen können in einen Teufelskreis aus vollmundigen Versprechungen und enttäuschenden Ergebnissen geraten.

Daher stellt dieses Kapitel die zentrale Frage: Wie können wir den Wert von KI überzeugend bewerten und messen? Welche Schritte und Berechnungen sind notwendig, um die Größenordnung von KI-Implementierungen zu verstehen?

Dazu ist es wichtig, komplexe Prozesse wie beispielsweise die Qualitätskontrolle in der Produktion oder den Vertrieb in ihre einzelnen Tätigkeiten herunterzubrechen und diesen einen Wert zu geben.

»Ohne eine klare Methodik, um den Wert einer KI-Initiative zu evaluieren, besteht die Gefahr, dass teure Ressourcen in Projekte investiert werden, die wenig oder gar keinen echten Wert erzeugen.«

5.1 Beispiel 1: Qualitätskontrolle in der Industrie

Einsatz von KI bei der Firma PrecisionTech

In der Produktionsstätte von PrecisionTech muss jedes Teil, das die Fertigungsstraße verlässt, höchsten Qualitätsansprüchen genügen. Jahrelang wurden die Oberflächen der gefertigten Teile von Hand kontrolliert. Ein Team von Spezialisten führte akribische Inspektionen durch, um sicherzustellen, dass auch die kleinste Unregelmäßigkeit entdeckt wurde. Mit zunehmender Produktion und steigenden Qualitätsansprüchen stieß dieser traditionelle Ansatz jedoch an seine Grenzen.

Eine mögliche Lösung: der Einsatz von künstlicher Intelligenz. Die manuelle Oberflächeninspektion sollte durch eine fortschrittliche KI-Lösung ersetzt werden, die in der Lage ist, winzige Defekte und Unregelmäßigkeiten präzise zu erkennen.

Direkte Kosten der manuellen Begutachtung

Angenommen, PrecisionTech entwickelt »ClearView Drive«, eine revolutionäre adaptive Windschutzscheibe für Automobile. Das Unternehmen produziert tausend Frontscheiben pro Woche. Dabei fallen direkte Kosten durch Fachkräfte an.

Entnahme der Produkte aus dem Produktionsprozess: Um Beschädigungen zu vermeiden, erfordert die Entnahme der Produkte aus dem laufenden Produktionsprozess Zeit und Präzision. Bei tausend Stück sind dies drei Minuten pro Windschutzscheibe, insgesamt dreitausend Minuten oder fünfzig Stunden.

Manuelle Prüfung: Die sorgfältige Prüfung jedes einzelnen Produkts auf Unregelmäßigkeiten oder Fehler ist zeitaufwendig, aber für die Qualitätssicherung unerlässlich. Bei tausend Stück summiert sich dies auf fünftausend Minuten oder etwas mehr als achtzig Stunden.

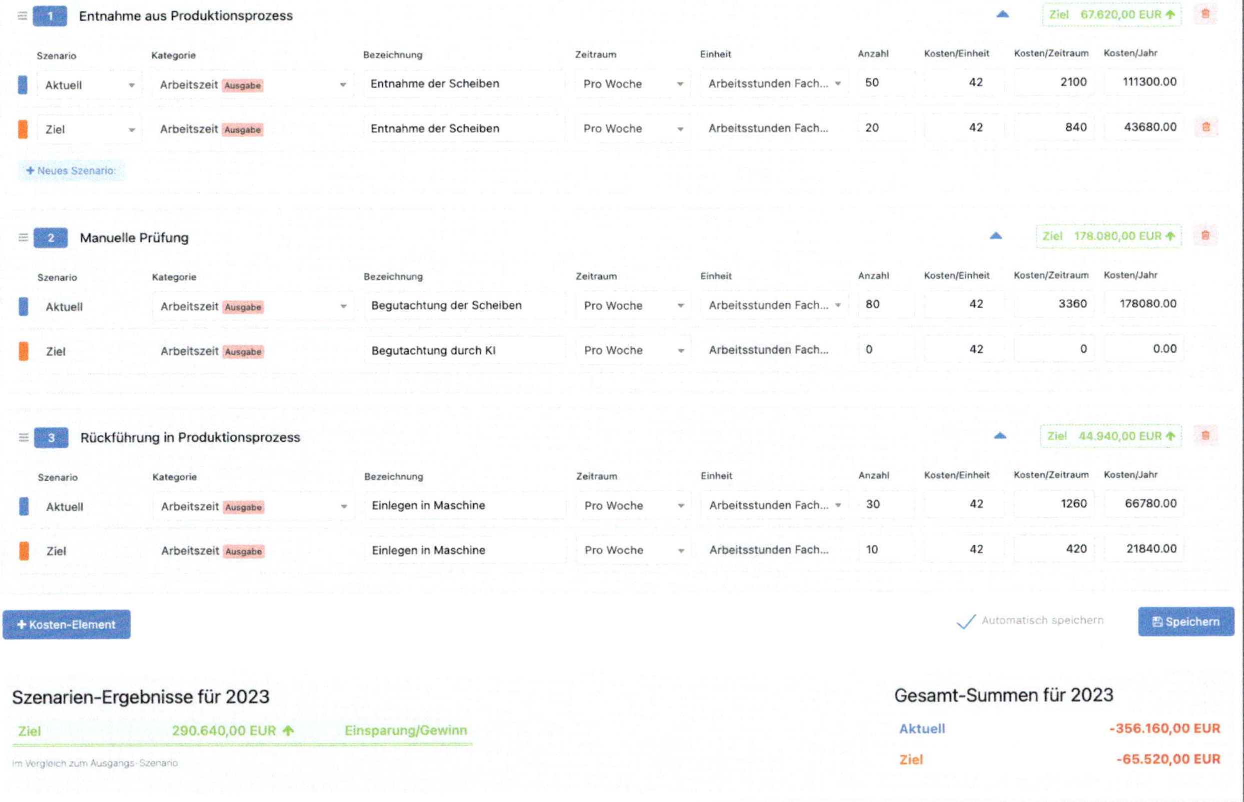

Automatische Berechnung von Arbeitskosten in der Innolytics® Software
1 Entnahme aus Produktionsprozess
Ziel 67.620,00 EUR
Szenario
Kategorie
Bezeichnung
Zeitraum
Einheit
Anzahl
Kosten/Einheit
Kosten/Zeitraum
Kosten/Jahr
Aktuell
Arbeitszeit Ausgabe
Entnahme der Scheiben
Pro Woche
Arbeitsstunden Fach...
50
42
2100
111300.00
Ziel
Arbeitszeit Ausgabe
Entnahme der Scheiben
Pro Woche
Arbeitsstunden Fach...
20
42
840
43680.00
+ Neues Szenario
2 Manuelle Prüfung
Ziel 178.080,00 EUR
Aktuell
Arbeitszeit Ausgabe
Begutachtung der Scheiben
Pro Woche
Arbeitsstunden Fach...
80
42
3360
178080.00
Ziel
Arbeitszeit Ausgabe
Begutachtung durch KI
Pro Woche
Arbeitsstunden Fach...
0
42
0
0.00
3 Rückführung in Produktionsprozess
Ziel 44.940,00 EUR
Aktuell
Arbeitszeit Ausgabe
Einlegen in Maschine
Pro Woche
Arbeitsstunden Fach...
30
42
1260
66780.00
Ziel
Arbeitszeit Ausgabe
Einlegen in Maschine
Pro Woche
Arbeitsstunden Fach...
10
42
420
21840.00
+ Kosten-Element
Automatisch speichern
Speichern
Szenarien-Ergebnisse für 2023
Ziel
290.640,00 EUR
Einsparung/Gewinn
Im Vergleich zum Ausgangs-Szenario
Gesamt-Summen für 2023
Aktuell
-356.160,00 EUR
Ziel
-65.520,00 EUR

Einlegen des Produkts in die nächste Maschine: Nach der manuellen Prüfung müssen die Produkte in den nächsten Produktionsschritt eingelegt werden. Auch dies erfordert Zeit und Sorgfalt. Bei tausend Stück sind dies zweitausend Minuten oder etwas mehr als dreißig Stunden.

Insgesamt belaufen sich die Arbeitskosten allein für die genannten Schritte der Qualitätskontrolle auf knapp 350.000 Euro jährlich.

Tipp: Eine grobe Schätzung ist besser als keine

Nehmen wir an, die Entnahme der Scheiben dauert manchmal sechzig Sekunden und manchmal vier Minuten. Schätzen Sie einen Durchschnittswert.

Ein gewisses Maß an Unsicherheit ist in frühen Stadien akzeptabel, solange die allgemeine Richtung nicht beeinträchtigt wird. Flexibilität und Handlungsfähigkeit sind häufig wertvoller als unerreichbare Genauigkeit.

Kosten durch Qualitätsprobleme

Qualitätsprobleme, die bei der manuellen Qualitätskontrolle übersehen werden, können schwerwiegende finanzielle Folgen für Unternehmen haben. Selbst hoch qualifizierte Facharbeiter, die für die Endkontrolle verantwortlich sind, können nach circa vier Stunden nachlassender Aufmerksamkeit Fehler übersehen. Jeder unbemerkte Fehler kann eine Kaskade von Kosten auslösen. Die Logistikkosten für den Hin- und Rücktransport fehlerhafter Produkte belasten das Unternehmen ebenso wie der zusätzliche Aufwand für die Bearbeitung von Kundenreklamationen und die Organisation der Rücknahme und Entsorgung fehlerhafter Produkte.

Diese versteckten Kosten können sich im Laufe der Zeit drastisch summieren und die Rentabilität des Unternehmens beeinträchtigen, was die Dringlichkeit einer effizienten und zuverlässigen Qualitätskontrolle verdeutlicht.

Nehmen wir an, bei 48.000 Glasscheiben jährlich haben Sie eine Fehlerrate von einem Prozent. 480 Glasscheiben. Ihre Qualitätskontrolle übersieht 10 Prozent. Das heißt, durchschnittlich reklamiert ein Kunde jede Woche, eine Person in der Reklamation ist damit etwa acht Stunden beschäftigt. Zusätzlich verlangt der Kunde eine Entschädigung für den Verlust eigener Arbeitskraft in gleicher Höhe. Es entstehen zusätzliche Kosten in Höhe von sechzehn Arbeitsstunden (672 Euro) wöchentlich. Das sind rund 32.250 Euro jährlich. Zusätzlich müssen Sie die defekten Produkte neu produzieren. Macht bei 480 Stück zusätzliche Material- und Maschinenkosten in Höhe von 150 Euro je Scheibe, also 7.000 Euro. Im Durchschnitt können Sie also mit einem Wert von knapp 40.000 Euro rechnen, also rund 800 Euro je Schadensfall.

Tipp: Definieren Sie einen festen Wert

Gerade bei komplexen Berechnungen wie Qualitätskosten oder Rücknahmekosten wird oft der Fehler gemacht, sich in Details zu verlieren und eine übertriebene Genauigkeit anzustreben.

Berechnen Sie hier, was eine Retoure Sie ungefähr kostet. Inklusive der Arbeitsstunden, die Sie investieren, um Kunden trotz Qualitätsproblemen zu halten oder Rabatte, die Sie geben müssen.

Legen Sie am Ende modellhaft einen Wert fest.

Wert des Anwendungsfalls

Diese erste Betrachtung hilft Ihnen, einen ersten ungefähren Wert zu erhalten. Sicherzustellen, dass fehlerhafte Produkte die Produktion nicht verlassen, kostet Sie mehr als 368.000 Euro im Jahr.

Sie könnten jetzt noch weitere Faktoren mit hineinrechnen. Beispielsweise die Suche nach Fachkräften, die diese Arbeit übernehmen sollen, wenn Ihre jetzigen Experten in fünf Jahren in Rente gehen. Die Ausbildungskosten, die Sie investieren müssen. Oder die Kosten und Qualitätsprobleme, die sich ergeben, wenn die begehrten Fachkräfte von der Konkurrenz abgeworben werden.

Aber das ist jetzt erst einmal zweitrangig. Den Wert dieses konkreten Anwendungsfalls bemessen Sie auf 368.000 Euro jährlich. Macht in den nächsten fünf Jahren mehr als 1,8 Millionen Euro.

5.2 Beispiel 2: Vor- und Nachbereitung von Vertriebsterminen

Dieses Vorgehen, das beispielsweise in der Automobilindustrie zum Standard gehört, lässt sich auch auf andere Bereiche anwenden. Beispielsweise im Vertrieb.

Einsatz von KI bei der Firma B2BSales

Der Alltag von Vertriebsmitarbeiterinnen und -mitarbeitern besteht darin, Kontakte zu Entscheidungsträgern in mittelständischen Unternehmen zu knüpfen und fundierte Gespräche zu führen.

Zur Vorbereitung jedes Gesprächs werden von Jan und Michaela Geschäftsberichte und Nachrichten ausgewertet und eine Präsentation erstellt. Das dauert etwa fünfundvierzig Minuten, das anschließende Gespräch circa fünfzehn Minuten. Anschließend wird das Gesagte aufbereitet, es werden Präsentationen erstellt und an das Unternehmen verschickt, dann wird nachgehakt für einen Anschlusstermin. Je Kunde dauert dies circa dreißig Minuten. Bei jedem fünften Kunden findet ein Abschlussgespräch von dreißig Minuten statt.

Nehmen wir an, beide führen an achtundvierzig Wochen im Jahr täglich fünf Gespräche. Inklusive der Vor- und Nachbereitung mit einer durchschnittlichen Erfolgsquote von 20 Prozent. Der Stundensatz von Jan und Michaela beträgt 50 Euro.

Was kostet es, einen Kunden zu gewinnen? Geht man von sechsundvierzig Arbeitswochen aus, summieren sich die jährlichen Vertriebskosten auf knapp 120.000 Euro. Jeder neu gewonnene Kunde kostet damit knapp 500 Euro.

Wert des Anwendungsfalls

Interessant wird es, wenn man den Wert der einzelnen Tätigkeiten berechnet. Bei fünfundvierzig Minuten Vorbereitung entstehen bei zwei Personen Kosten in Höhe von 55.000 Euro jährlich nur für diese Tätigkeit. Für die Erstellung der Gesprächszusammenfassung und das Nachhaken noch einmal 36.800 Euro. Zusammen sind diese beiden Tätigkeiten mit über 90.000 Euro der größte Posten bei zwei Beschäftigten. Nehmen wir einmal an, eine Sales-Organisation hat nicht zwei, sondern zehn Beschäftigte im Vertrieb, wären es 450.000 Euro. Hochgerechnet auf fünf Jahre mehr als zwei Millionen Euro für Vor- und Nachbereitung, Dokumentation und Nachhaken.

5.3 Weitere Beispiele für Wertberechnungen

Die Bewertung der Auswirkungen von KI-Anwendungsfällen ist für Unternehmen eine Herausforderung. Während die Berechnung von Arbeitszeiteinsparungen, weniger Maschinenausfällen und geringeren Energiekosten oft greifbar ist, wird es komplexer, wenn es um den Wert personalisierter Marketingmaßnahmen oder neuer Geschäftsmodelle geht. So kann der Wert neuer Geschäftsmodelle, die durch KI ermöglicht werden, durch verschiedene Annahmen gestützt werden. Hier einige Bespiele.

Anzahl gewonnener Neukunden

Die Anzahl der Neukunden, die durch das neue Geschäftsmodell gewonnen werden, ist ein direkter Indikator für dessen Attraktivität und Wachstumspotenzial.

Anzahl von Abonnenten

Bei abonnementbasierten Modellen zeigt die Anzahl der Abonnenten die langfristige Kundenbindung und die wiederkehrenden Umsätze.

Durchschnittlicher Umsatz pro Kunde (ARPU)

Der durchschnittliche Umsatz pro Kunde ist ein wichtiger Faktor für die Profitabilität des Modells.

Customer Lifetime Value (CLTV)

Der prognostizierte Gesamtwert, den ein Kunde über die gesamte Kundenbeziehung generiert, ermöglicht die Beurteilung der langfristigen Profitabilität.

Wachstumsrate

Die Wachstumsrate des Geschäftsmodells zeigt dessen Dynamik und Anpassungsfähigkeit an den Markt.

Marktdurchdringung

Der Anteil des adressierten Marktes, den das Geschäftsmodell erreicht, gibt Aufschluss über sein Expansionspotenzial.

Profitabilität

Die Profitabilität des Geschäftsmodells im Verhältnis zu den aufgewendeten Kosten ist ein wesentliches Kriterium.

Vertragsabschlüsse

Bei service- oder betreuungsorientierten Modellen kann die Anzahl der Vertragsabschlüsse Aufschluss über die Effektivität des Modells geben.

Cross- und Upselling-Rate

Die Anzahl der Kunden, die zusätzliche Produkte oder Dienstleistungen erwerben, zeigt das Potenzial zur Steigerung des Kundenwerts.

Diese Indikatoren geben Aufschluss über die Leistungsfähigkeit und den Wert eines neuen KI-basierten Geschäftsmodells.

Tipp: Starten Sie mit Kennzahlen, die Sie heute messen können

Wie bereits in den beiden vorangegangenen Beispielen geht es nicht um wissenschaftliche Genauigkeit! Die Richtung muss stimmen. Wie viele Vertragsabschlüsse haben Sie aktuell? Wie viele Kunden haben zusätzlich eine digitale Dienstleistung abgeschlossen? Wie hoch ist Ihr durchschnittlicher Kundenwert? Wenn Sie die Zahlen nicht genau zur Hand haben, nehmen Sie eine Überschlagsrechnung. Es geht in diesem Schritt nur darum, eine Vorstellung davon zu bekommen, welches Potenzial in einem Anwendungsfall stecken könnte.

5.4 Die Entwicklung von Business-Case-Szenarien

Nachdem Sie die Ausgangswerte definiert haben, wird es schwieriger. Denn Sie wollen in die Zukunft blicken. Und das ist von verschiedensten Einflüssen abhängig. Wie entwickelt sich die Wirtschaftslage? Droht eine neue Finanzkrise? Haben Kunden plötzlich andere Vorstellungen und Erwartungen? Hat der Wettbewerb eine KI-Lösung auf den Markt gebracht, die alle Erwartungen übertrifft?

Wie im Abschnitt über VUCA, BANI, RUPT und TUNA beschrieben, ist die Geschäftswelt zunehmend von Unsicherheit geprägt: Unsicherheit über zukünftige Marktbedingungen, Kundenverhalten, technologischen Fortschritt und vieles mehr. In einem solch dynamischen Umfeld ist es wichtig, die möglichen Auswirkungen von Entscheidungen zu kennen. Hier kommen Business-Case-Szenarien ins Spiel. Anstatt einen Businessplan zu schreiben, stellen Sie mehrere Szenarien auf.

»Viele Unternehmen machen den Fehler, sich auf ein Businessplanszenario festzulegen. Und das in einer Zeit, in der sich ständig alles ändert.«

- Was wäre, wenn unsere Zielgruppe nicht X, sondern Y wäre?
- Wie viel ändert sich, wenn wir eine KI selbst entwickeln, im Vergleich zu einer fertigen Lösung vom Markt?
- Wie rechnet sich eine KI-Lösung mit unterschiedlichen Lizenzmodellen?

Diese Fragen markieren den Übergang von hypothetischen Szenarien zu konkreten Daten und Fakten.

Beispiel: Drei verschiedene Szenarien für den Einsatz von KI im Vertrieb

Szenario 1: Die preiswerte Sofortlösung

Anstatt eine teure KI-Lösung einzukaufen, nutzt das Unternehmen verfügbare Anwendungen für generative KI (zum Beispiel ChatGPT) und trainiert Beschäftigte, die korrekten Prompts und Befehle zu nutzen. Die Lösung fasst automatisch Gespräche in Stichpunkten zusammen und erstellt ein Makro für PowerPoint Folien. So können aus Gesprächen fast automatisch Folien erzeugt werden.

Szenario 2: Speziallösung für Recherchen

Um den Rechercheprozess zu verkürzen, soll zusätzlich eine eigene KI-Lösung entwickelt werden, die automatisch Nachrichten und Informationen zu den Gesprächspartnern zusammenfasst. Die Entwicklung wird auf 80.000 Euro veranschlagt. Dagegen stehen zwischen 40.000 und 55.000 Euro eingesparter Aufwand. Die Lösung würde sich nach zwei Jahren amortisieren. Durch die eingesparte Zeit könnten zudem mehr Kundengespräche geführt werden.

Szenario 3: Umstellung auf eine KI-basiertes neues CRM

Ein innovativer CRM-Anbieter bietet ein komplett neues System an, das neben der Kundenverwaltung zahlreiche Abläufe durch den Einsatz von KI automatisiert.

Inklusive Einrichtung soll das System über 5 Jahre rund 250.000 Euro kosten. Ein zusätzliches Recherchemodul soll knapp 150.000 Euro kosten.

Bei der Einführung von KI-Lösungen können häufig die gleichen oder ähnliche Effekte zu sehr unterschiedlichen Kosten erreicht werden. Die Entwicklung solch unterschiedlicher Szenarien stellt die Entscheidungsfindung auf eine breitere Basis und verhindert ein eindimensionales Denken.

5.5 Nicht-monetäre Kennzahlen

Eine rein monetäre Betrachtung wird dem vielschichtigen Einfluss von KI oft nicht vollständig gerecht. Ein ganzheitlicher Ansatz, der auch weiche Faktoren wie Kundenvertrauen und Innovationspotenzial berücksichtigt, ist entscheidend, um den wahren Wert eines Anwendungsfalls zu messen. Zu diesem Zweck bietet es sich an, Bewertungskriterien aufzustellen, die ein umfassenderes Bild des Wertes vermitteln. Nachfolgend drei Beispiele für solche Bewertungskriterien.

Kundenvertrauen und -zufriedenheit

Die Bereitschaft der Kunden, KI-gestützte Dienstleistungen anzunehmen, spiegelt sich in Kundenzufriedenheitsumfragen, Wiederholungskäufen und Weiterempfehlungen wider.

Innovationspotenzial

Die Fähigkeit von KI, neue Geschäftsmodelle, Produkte oder Dienstleistungen zu ermöglichen, kann anhand von Innovationskennzahlen wie der Anzahl neuer Ideen, verkürzten Innovationszyklen oder erweiterten Marktfeldern gemessen werden.

Mitarbeiterzufriedenheit und Produktivität

Wie KI-Technologien von den Mitarbeitern angenommen werden, kann durch Umfragen zur Zufriedenheit, Effizienzsteigerungen und Verbesserungen des Arbeitsumfelds gemessen werden. Die Einbeziehung weicher Faktoren stellt sicher, dass der Erfolg nicht nur monetär gemessen wird, sondern auch die positiven Auswirkungen auf Kunden, Mitarbeiter und die Innovationskraft des Unternehmens berücksichtigt werden. In der Innolytics-Software finden sich daher neben der rein monetären Betrachtung auch Funktionen zur qualitativen Bewertung von KI-Anwendungsfällen. Beides zusammen ergibt ein ausgewogenes Bild.

5.6 Priorisierung der Anwendungsfälle

Bei der Priorisierung von KI-Anwendungsfällen in Unternehmen ist eine ganzheitliche Sichtweise wichtig. Sie geht über die reine Bezifferung des finanziellen Werts hinaus. Finanzielle Überlegungen, nicht-monetäre Faktoren und die tatsächliche Umsetzbarkeit müssen bei der Entscheidungsfindung gegeneinander abgewogen werden.

Die erste Perspektive: Der finanzielle Wert

Die Berechnung von Kosteneinsparungen, Umsatzsteigerungen und Effizienzgewinnen bietet eine klare finanzielle Grundlage für Entscheidungen. Es geht aber auch darum, eine Vorentscheidung zu treffen: Welches Business-Case-Szenario soll verwendet werden? Was erscheint (derzeit) am wahrscheinlichsten?

Die zweite Perspektive: die nicht-monetäre Sichtweise

Diese Betrachtung bezieht sich auf die bereits beschriebenen weichen Faktoren wie Kundenbindung, Markenwert und langfristige Innovationspotenziale. Hinzu kommen soziale, ethische und kulturelle Aspekte der Anwendungsfälle von KI. Die Schaffung von Vertrauen bei Kunden und Stakeholdern ist ebenso wichtig wie der ökonomische Nutzen.

Die dritte und vielleicht entscheidende Perspektive: die Umsetzbarkeit

Ein vielversprechender Anwendungsfall kann finanziell attraktiv sein, aber ohne Ressourcen, Expertise und technische Infrastruktur wird er in der Praxis scheitern. Hier fließen die Ergebnisse der KI-Potenzialanalyse ein, die die Stärken und Schwächen der Organisation im Hinblick auf Innovation aufzeigt. Die Analyse der Innovationsfähigkeit macht Barrieren sichtbar, die einer potenziell erfolgreichen Umsetzung im Wege stehen können.

Die Dreifachperspektive der Priorisierung – Geldwert, Nicht-Geldwert und Umsetzbarkeit – stellt sicher, dass die Auswahl der KI-Anwendungsfälle so getroffen wird, dass mit minimalen Ressourcen maximaler Erfolg erzielt wird.

5.7 Fazit

Durch die Methode, Prozesse und Abläufe in einzelne Tätigkeiten herunterzubrechen und diesen Tätigkeiten einen Wert zuzumessen, wird der finanzielle Vorteil beim Einsatz künstlicher Intelligenz schnell sichtbar. Durch diese Methode lassen sich auch Prognosen wie des McKinsey Instituts besser einordnen, das davon spricht, dass 60 bis 70 Prozent aller heutigen Jobs theoretisch automatisierbar sind. Solche Aussagen lösen schnell Ängste aus: »Oh Gott, mein Job wird automatisiert ...« Diese Ängste sind jedoch in den meisten Fällen unbegründet.

Indem Sie für die Bewertung Ihrer Anwendungsfälle zusätzlich nicht-monetäre Aspekte berücksichtigen, schaffen Sie die Voraussetzung dafür, eine fundierte Vision und messbare Ziele zu erreichen.

»Jobs zu automatisieren, bedeutet nicht automatisch, Personal abzubauen. Sondern automatisierbare Tätigkeiten durch wertvollere zu ersetzen.«

6.

Vision und Ziele erarbeiten

4
Vision / Zielbild
Strategiefluss
Strategiefluss
Ziele
€
2 Mio.
Einsparungen
4
Projekte
7
Veränderungs-
ziele
Zum Überblick
1,1 km

Sie haben das KI-Potenzial Ihres Unternehmens ermittelt, mögliche Anwendungsfälle identifiziert und Business-Case-Szenarien berechnet. Nun gilt es, daraus eine Vision abzuleiten und diese mit messbaren Zielen zu konkretisieren.

Beginnen Sie mit einem Blick auf das große Ganze. Stellen Sie sich vor, alle identifizierten Anwendungsfälle würden nahtlos umgesetzt. Wie sähe dann die Vision aus? Diese Vision ermöglicht es, die Richtung zu definieren, in die sich das Unternehmen entwickeln möchte. Der nächste Schritt besteht darin, diese übergeordnete Vision in konkrete strategische Ziele herunterzubrechen. Sie definieren Key Performance Indicators (KPIs), um den Fortschritt zu messen. Dieses Kapitel zeigt, wie KPIs als Wegweiser dienen können, um den strategischen KI-Einsatz effektiv zu steuern. Sie erfahren, wie Sie eine ganzheitliche Strategie für den Einsatz von KI entwickeln können, indem Sie eine Überleitung von der großen Vision zu greifbaren KPIs schaffen.

6.1 Das große Ganze: Erarbeiten Sie Ihre Vision

Stellen Sie sich kurz vor, Sie könnten alle Anwendungsfälle, die Sie identifiziert haben, umsetzen. Es würde keinerlei technische Barrieren geben, alles wäre einfach umsetzbar. Und auch finanzielle Bedenken wären zunächst einmal zweitrangig. Was würde dann entstehen?

Beispiel: Vollautomatisierte Qualitätskontrolle

Künstliche Intelligenz wird künftig der Autopilot jedes Produktionsschritts sein. Genauso wie Autopilot ein Flugzeug auf Kurs hält, wird KI künftig die Überwachung der Qualität bei jedem Produkt und jedem Arbeitsschritt durchführen. Sie erkennt jedes potenzielle Problem, gleicht es ab und führt Korrekturen durch, während der Fertigungsprozess in vollem Gange ist. Sie lernt kontinuierlich dazu, um Muster zu erkennen, die in Produktionsschritt 1 mit hoher Wahrscheinlichkeit zu Problemen in Produktionsschritt 2 führen.

Beispiel: KI-gesteuerter Vertrieb

ALEX ist unser neuer Mitarbeiter. ALEX steht für Automatischer Lead Experte. Ein System, das alle Ihren Beschäftigten auf Knopfdruck mit den wichtigsten Informationen zu Gesprächspartnern versorgt, Vorschläge für die Gesprächsführung macht, automatisch die Nachfolgekommunikation übernimmt und auch noch auswertet, welche Ansätze zu den besten Konversionsraten führen?

Ihre Vision hat die Funktion, Ihre Beschäftigten zu motivieren und ihnen die Vorteile von KI-Lösungen näher zu bringen. Sie dient als Grundlage, um das Team auf die greifbaren Vorteile der Technologie zu fokussieren und zu zeigen, wie diese Lösungen den Arbeitsalltag verbessern können. Letztlich dient Ihre Vision als konkrete Hilfestellung, um Mitarbeiterinnen und Mitarbeiter für die Integration von KI-Lösungen zu begeistern und zu gewinnen. Drei Dinge sind dabei wichtig.

Seien Sie bildhaft

Beschreiben Sie Ihre Vision mit einem lebendigen Bild. Verwenden Sie Worte, die ein lebendiges Konzept vermitteln. Stellen Sie sich vor, Sie erschaffen mit Worten ein Kunstwerk, das Ihr Ziel in all seinen Facetten und Details zeigt.

Seien Sie emotional

Gerade weil KI sehr technisch klingt, ist es wichtig, positive Emotionen zu wecken. Beschreiben Sie nicht nur Fakten, sondern sprechen Sie Emotionen an, die mit Ihrer Vision verbunden sind. Lassen Sie Ihre Mitarbeiterinnen und Mitarbeiter spüren, wie bedeutsam und erfüllend es sein wird, diese Vision zu verwirklichen.

Seien Sie visionär

Gehen Sie über das Gewohnte hinaus. Denken Sie groß und zukunftsorientiert. Stellen Sie sich vor, wie Ihre Vision die Welt verändern könnte. Inspirieren Sie Ihre Beschäftigten, indem Sie einen Weg aufzeigen, der über die gegenwärtigen Grenzen hinausgeht.

Tipp: Betonen Sie in Ihrer Vision die Bereiche, die einen dreifachen Nutzen betonen.

Den Nutzen für Ihre Beschäftigten: Zeitraubende oder unbeliebte Aufgaben werden künftig automatisiert. KI ermöglicht es Beschäftigten, sich auf die wichtigen Aufgaben zu konzentrieren.

Den Nutzen für Führungskräfte: Weniger Planung, weniger Koordination, weniger Fehlermanagement.

Den Nutzen für das Unternehmen: Schaffung eines langfristig erfolgreichen Unternehmens oder Unternehmensteils mit sicheren Arbeitsplätzen.

Es kann sein, dass Sie Ihre Vision niemals vollständig umsetzen werden. Das muss aber auch nicht sein. Im Gegenteil. Nutzen Sie bewusst ein unrealistisches Ziel. Etwas Unerreichbares.

Vision für ein Logistikunternehmen: »Das Lager, das sich selbst aufräumt«

Vision für eine Steuerberatung: »Unsere Arbeit macht Spaß. Den Rest macht KI.«

Vision für eine durch KI gestützte technische Entwicklung: »Wir erfinden Erfinden neu.«

Die Vision darf widersprüchlich sein, man darf – ja man muss – sich förmlich an ihr reiben können. Sie sind in der Energiebranche tätig? Entwickeln Sie nicht nur die Vision, mithilfe künstlicher Intelligenz ein energieoptimiertes Haus zu ermöglichen. Wenn Sie sich für eine unerreichbare Vision entscheiden, dann nehmen Sie das Null-Emissions-Haus. Oder gehen Sie noch einen Schritt weiter: Das Haus, das gut für die Natur ist. Ein Haus, das dank modernster KI-Steuerung Sauerstoff produziert.

»Seien Sie nicht zu bescheiden. Eine Vision darf, ja soll geradezu, über das Machbare hinaus gehen. Entwickeln Sie auch ausgefallene Ansätze, damit Sie später bis an die Grenze des wirklich Denkbaren gehen können.«

6.2 Von der Vision zum Ziel

Sie haben bereits viel geschafft. Herausforderungen identifiziert, die eine KI lösen kann, Anwendungsfälle und Business-Case-Szenarien entwickelt, diese priorisiert und darauf aufbauend eine Vision entwickelt.

Jetzt geht es darum, daraus konkrete Ziele zu entwickeln.

Tipp: Beachten Sie folgende drei Dinge, wenn Sie Ihrer Vision Ziele ableiten

Eindeutigkeit: Die Ziele sollten klar und präzise formuliert sein, sodass sie keinen Interpretationsspielraum zulassen. Sie müssen genau beschreiben, was erreicht werden soll, um Missverständnisse zu vermeiden.

Relevanz: Die Ziele sollten sich direkt auf die priorisierten Anwendungsfälle, die Vision und den strategischen Rahmen beziehen. Sie müssen einen klaren Beitrag zur Gesamtstrategie leisten und sicherstellen, dass die Anstrengungen zielgerichtet sind.

Messbarkeit: Die Ziele müssen so formuliert sein, dass der Fortschritt und die Zielerreichung verfolgt werden können. Klare Indikatoren und Messgrößen helfen, Erfolge oder Abweichungen zu erkennen.

Die Bedeutung von Kennzahlen

Kennzahlen spielen bei der Umsetzung einer KI-Strategie eine zentrale Rolle, da sie den Erfolg und die Effektivität von KI-Initiativen messbar machen. Konkrete Kennzahlen ermöglichen es, den Nutzen von KI-Lösungen zu quantifizieren und sicherzustellen, dass die gesetzten Ziele erreicht werden.

»Kennzahlen spielen bei der Umsetzung eine entscheidende Rolle. Sie bieten Klarheit, Fokussierung und Kontrolle. Es sind objektive Maßstäbe, anhand derer Fortschritte gemessen und bewertet werden können.«

Bei der Umsetzung von KI-Strategien gilt es, konkret festzulegen, durch welche Messgrößen der Erfolg oder der Misserfolg einer KI-Initiative bewertet werden soll. Verschiedene Arten von KI-Anwendungen erfordern dabei unterschiedliche Kennzahlen.

Beispiel 1: Arbeitszeit als Kennzahl

Die Kennzahl »Einsparung von 25.000 Arbeitsstunden durch die Automatisierung der Aufgabe XY« (siehe 4.4 Beschleunigungstemplate) ist relativ einfach zu definieren. Arbeitsstunden vor Einführung der KI-Lösung minus Arbeitsstunden morgen nach Einführung der KI-Lösung.

Auch die Entwicklung von Geschäftsmodellen, die bislang durch hohe Personalkosten nicht rentabel waren (siehe 4.9 Rentabiliätstemplate), lässt sich auf die gleiche Art und Weise berechnen: Geschätzte Personalkosten vor Einführung der KI-Lösung minus geschätzte Personalkosten nach Einführung der KI-Lösung.

Vielleicht haben Sie sich nach der Entwicklung von Business-Case-Szenarien entschieden, zunächst mit einer ganz einfachen Variante zu starten: Statt Geld in teure Spezialanwendungen zu investieren, möchten Sie Ihre Mitarbeiterinnen und Mitarbeiter lieber darin schulen, frei am Markt verfügbare Lösungen intelligent zu nutzen. Auch dieses Ziel ist messbar.

Beispiel 2: Bildungsziele als Kennzahl

Zuwachs an Wissen: Durchschnittliche Zunahme des Wissens der Teilnehmer über KI-Konzepte und -Anwendungen nach Abschluss der Fortbildung.

Kompetenzentwicklung: Anzahl der Teilnehmer, die nach Abschluss der Fortbildung in der Lage sind, KI-Modelle zu verstehen, zu entwickeln oder anzuwenden.

Anwendung in der Praxis: Prozentualer Anstieg der tatsächlichen Nutzung von KI-Lösungen durch Teilnehmer, die an der Bildungsmaßnahme teilgenommen haben.

Wenn Sie neue Geschäftsmodelle auf Basis von KI launchen, können Sie den Erfolg ebenfalls mit Kennzahlen definieren.

Beispiel 3: Kennzahlen für innovative Geschäftsmodelle

Entwicklung von Prototypen: Anzahl der erstellten Prototypen oder Konzepte für das neue Geschäftsmodell.

Validierung: Anzahl der durchgeführten Validierungen der Prototypen, um ihre Durchführbarkeit und Akzeptanz zu testen.

Skalierbarkeit: Anzahl der von einer KI-Lösung unterstützten Nutzer oder Anwendungen.

Innovationsrate: Anteil des Umsatzes, der mit neu eingeführten KI-basierten Produkten erzielt wird.

Die Herausforderung bei der Umsetzung von KI-Anwendungsfällen besteht darin, bei der Vielzahl möglicher Kennzahlen nicht die Übersicht zu verlieren. Während die Produktionsabteilung eine finanzielle Kennzahl (Reduzierung von Arbeitsstunden) als Ziel definiert, ist es im HR-Bereich die Anzahl von absolvierten Trainings oder die erfolgreiche Anwendung nach Abschluss. Im Marketing sind es Öffnungsraten von Mails, im Vertrieb die Konversionsrate von Leads zu Kunden, in der Logistik die Einsparungen im Treibstoffverbrauch durch KI-optimierte Routenplanung et cetera.

Damit Sie die Übersicht behalten, haben wir in der Innolytics® Software ein Zielsystem aus frei definierbaren KPIs entwickelt. Sie können alle Ziele, die Sie im Zusammenhang mit der Einführung von KI im Unternehmen definieren, auf einen Blick sehen. Sie können weitere Ziele – beispielsweise Complianceziele, Qualitätsziele oder Innovationsziele – ebenfalls mit in das System aufnehmen.

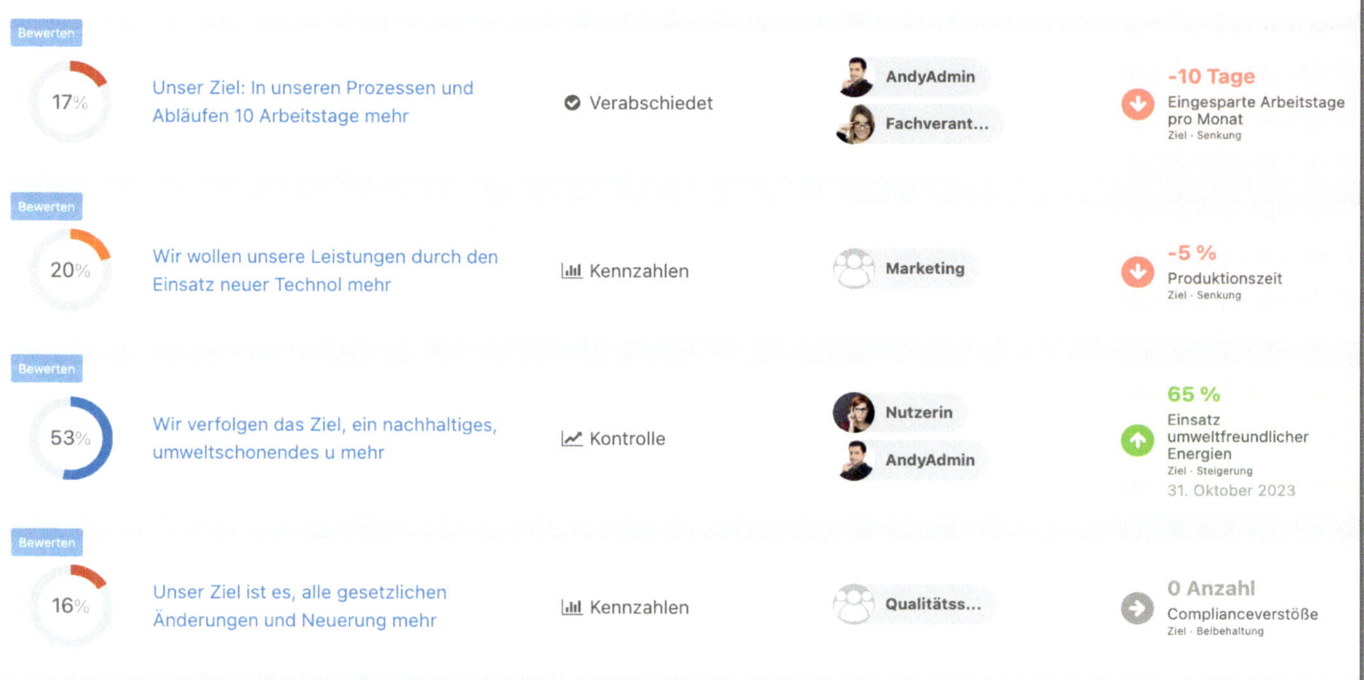
Innolytics® Software: Definition unterschiedlicher KPIs für Ziele
Bewerten
17%
Unser Ziel: In unseren Prozessen und Abläufen 10 Arbeitstage mehr
Verabschiedet
AndyAdmin
Fachverant...
-10 Tage
Eingesparte Arbeitstage pro Monat
Ziel · Senkung
Bewerten
20%
Wir wollen unsere Leistungen durch den Einsatz neuer Technol mehr
Kennzahlen
Marketing
-5 %
Produktionszeit
Ziel · Senkung
Bewerten
53%
Wir verfolgen das Ziel, ein nachhaltiges, umweltschonendes u mehr
Kontrolle
Nutzerin
AndyAdmin
65 %
Einsatz umweltfreundlicher Energien
Ziel · Steigerung
31. Oktober 2023
Bewerten
16%
Unser Ziel ist es, alle gesetzlichen Änderungen und Neuerung mehr
Kennzahlen
Qualitätss...
0 Anzahl
Complianceverstöße
Ziel · Beibehaltung

7.

Teams aufbauen und befähigen

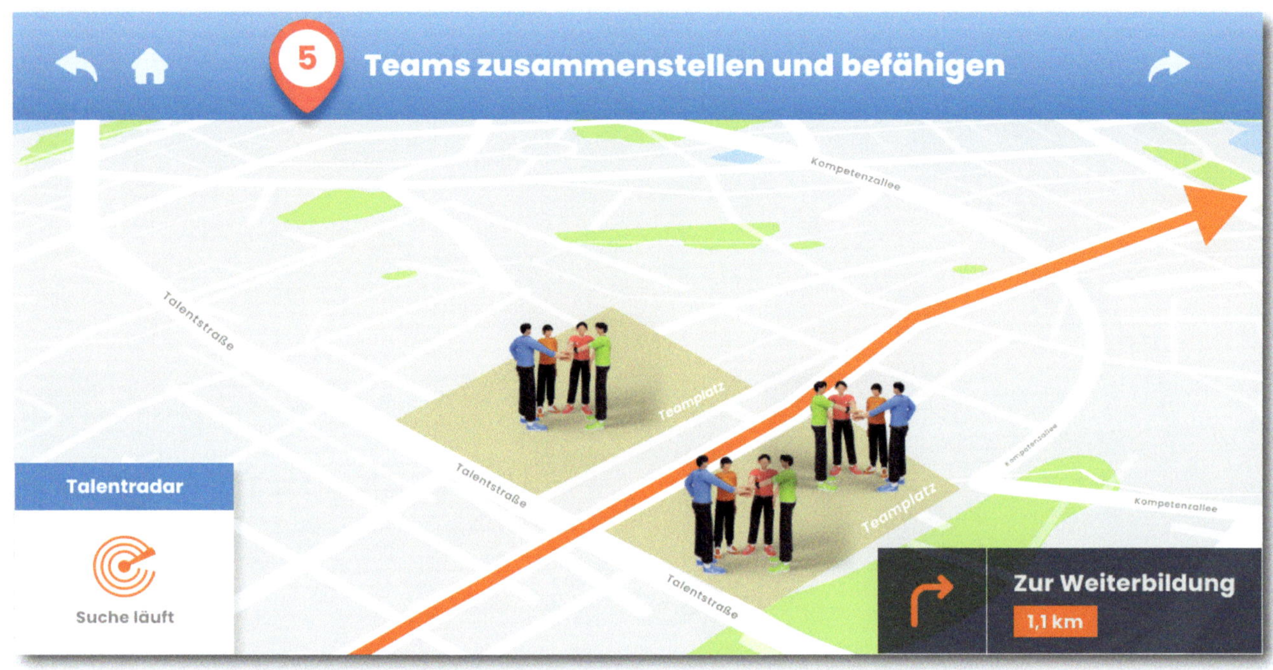
5
Teams zusammenstellen und befähigen
Kompetenzallee
Talentstraße
Teamplatz
Talentstraße
Teamplatz
Kompetenzallee
Talentstraße
Talentradar
Suche läuft
Zur Weiterbildung
1,1 km

In meinem Buch »Radikale Innovation« habe ich erstmals einen Leitfaden für die Besetzung unterschiedlicher Rollen in Teams veröffentlicht. Es geht darum, das »Comfortable Clone Syndrome« zu vermeiden. So nennt die Harvard-Professorin Dorothy Leonhard Teams, in denen Menschen zusammenarbeiten, die einander so ähnlich sind, dass sie sich fast »zu Tode kuscheln«.

Teams, die eine radikale Innovation wie eine KI-Lösung erfolgreich umsetzen wollen, brauchen das Gegenteil: ein hohes Maß an Diversität. Menschen mit unterschiedlichen fachlichen und persönlichen Hintergründen, Menschen, die Probleme auf unterschiedliche Weise angehen, Menschen, die das große Ganze im Blick haben, und Menschen, die eher kleinteilig, aber sehr präzise denken.

»Homogene Teams arbeiten wesentlich effizienter, wenn es um die Bewältigung von Routineaufgaben geht. Gerade diese Effizienz verhindert aber oft die Kreativität und Spannung, die vor allem radikalere Formen der Innovation brauchen.«

7.1 Die sieben Rollen im Projektteam

Wenn Sie ein Team zusammenstellen, das eine KI-Anwendung in Ihrem Unternehmen einführen soll, benötigen Sie sieben verschiedene Rollen: Manchmal deckt eine Person mehrere Rollen ab, zum Beispiel kann jemand sowohl Macher als auch Kritiker sein.

Mitunter decken auch mehrere Personen eine Rolle ab – zum Beispiel zwei Teammitglieder, die die Rolle des Visionärs übernehmen. Wichtig ist, dass jede Rolle durch eine andere ausgeglichen wird. Einem Team, das nur aus Machern besteht, fehlt häufig der kreative Geist, der immer wieder Ideen hervorbringt, um Hindernisse zu überwinden oder neue Chancen zu nutzen. Ein Team, das nur aus Experten besteht, kann sich in Details verlieren. Und ein Team, das nur aus Visionären besteht, wird sich kreativ im Kreis drehen. Diese Rollen werden im Folgenden beschrieben.

Ein kleiner Hinweis: Aus Gründen der Lesbarkeit wird in diesem Abschnitt überwiegend die männliche Form verwendet. Dies schließt die weibliche Form selbstverständlich mit ein.

Rolle 1 – Der kreative Visionär

Dieses Mitglied sieht überall Chancen, ist weitgehend resistent gegen mögliche Hindernisse und versucht, für alles eine Lösung zu finden. Seine Grundhaltung ist: »Die Menschheit ist zum Mond geflogen, dann schaffen wir das auch hier«. Wann immer jemand im Team sagt: »So geht das nicht«, antwortet der Visionär: »Dann muss es eben anders gehen: Lass uns andere Wege suchen.« Im Kopf des Visionärs dreht sich alles darum, wie das Team Ziele besser erreichen und Hindernisse schneller überwinden kann. Für den Visionär gibt es keine Hindernisse: Wenn nötig, wird die Idee angepasst und das Projekt in eine andere Richtung gelenkt.

Teamrollen
Innovations-Inkubator
Der Visionär
Der Kritiker
Der Sponsor
Der Macher
Der Verkäufer
Der Vernetzer
Die Experten

Der Visionär ist hauptsächlich dafür verantwortlich, dass sich das Projekt ständig verändert. Denn er ist offen gegenüber Chancen von außen: Lässt sich eine bestimmte Technologie nicht auf das Ursprungsprojekt anwenden, dafür aber auf ein potenziell anderes, ist er sofort bereit, einen komplett anderen Weg zu gehen. Diese kreative Gabe führt häufig zu einem Mangel an Entschlossenheit über den richtigen Weg. Auch ist der Visionär häufig sprunghaft und hat zu viele Ideen auf einmal. Diese Schwächen werden durch andere Teammitglieder kompensiert.

Rolle 2 – Der Macher

Wenn es darum geht, Ideen umzusetzen, neue Denk- oder Lösungsansätze auszuprobieren oder blitzschnell neu entstandene Maßnahmen umzusetzen, ist der Macher gefragt. Er organisiert fehlende Ressourcen, treibt andere Teammitglieder an und sorgt dafür, dass jede neue Idee entweder verworfen oder schnellstmöglich umgesetzt und ausprobiert wird.

Der Macher verfügt über ein hohes Maß an Improvisationsvermögen: Er sucht in der Regel nicht den kompliziertesten und langsamsten, sondern den einfachsten und schnellsten Weg. Wenn plötzlich Produktdesigner oder Internetprogrammierer gebraucht werden, sucht er die fehlenden Mitarbeiter über Ausschreibungen in sozialen Netzwerken, über Beziehungen oder firmeninterne Netzwerke. Er handelt Honorare aus und sorgt dafür, dass diese Personen so schnell wie möglich einsatzbereit sind. Die Stärke des Machers liegt in der Umsetzung – und oft weniger in der Entwicklung neuer Ideen und weitreichender Visionen. Für den Macher zählt nur eines: schnelle Ergebnisse.

Rolle 3 – Der Netzwerker

Dieses Teammitglied kann sehr schnell Türen öffnen. Häufig ist diese Person im Unternehmen sehr gut vernetzt, hat Beziehungen zu verschiedenen Abteilungen und kann auf dem kurzen Dienstweg, das heißt ohne formelle Abstimmung, Ressourcen anzapfen. Der Netzwerker weiß immer, an wen er sich wenden kann. Häufig pflegt er auch weitreichende Netzwerke außerhalb des Unternehmens und ist zum Beispiel mit Lieferanten, Kunden et cetera sehr gut vernetzt. Dieses Teammitglied kommuniziert gerne und ist Experte für soziale Beziehungen.

Rolle 4 – Die Experten

Natürlich darf die Rolle der IT-Experten nicht fehlen. Dies können Personen sein, die einen besonders guten Überblick über bestehende Lösungen haben, die in der Vergangenheit bereits KI-Lösungen implementiert haben oder die über Know-how im Bereich der Entwicklung verfügen. Durch ihr tiefes Verständnis von Daten und Technologien sind sie in der Lage, Informationen schnell zu vernetzen und technische Fragen zu beantworten. Sie wissen, wo ihre Expertise anfängt und aufhört und können ihre eigenen Kompetenzen jederzeit durch Experten aus angrenzenden Bereichen ergänzen.

Rolle 5 – Der Kritiker

Jedes Team braucht Menschen, die Hypothesen und Annahmen gekonnt hinterfragen und dafür sorgen, dass die entwickelten Ideen nicht die Bodenhaftung verlieren – also ein Eigenleben entwickeln, das sich Schritt für Schritt von der Realität entfernt. Durch gezieltes Nachfragen gelingt es dem Kritiker immer wieder, Schwachstellen in Annahmen und Hypothesen aufzudecken, Mängel in der Vorgehensweise aufzudecken und scheinbare Wahrheiten, die sich im Team gebildet haben, infrage zu stellen.

Der Kritiker ist kein Verhinderer: Konstruktive Kritik zu üben, die ein Innovationsteam weiterbringt, ist eine hohe kreativ-analytische Aufgabe, die in ihrer Bedeutung mindestens so wichtig ist wie die Rolle des Visionärs. Oft ist der Visionär sogar erst dann in der Lage, neue Ideen und Ansätze zu entwickeln, wenn er mit glaubwürdiger und fundierter Kritik konfrontiert wird.

Rolle 6 – Der Verkäufer

Sei es gegenüber Kollegen, Netzwerkpartnern, Kunden oder Sponsoren: Bei einem so tiefgreifenden Wandel wie der Einführung von KI in Unternehmen ist täglich Überzeugungsarbeit zu leisten. Gerade Entwicklungsteams, die tief in der Materie stecken, brauchen jemanden, der technische Details in Kundennutzen übersetzt und mit leuchtenden Augen für das Projekt wirbt.

Rolle 7 – Der Sponsor

Über den Erfolg entscheiden nicht nur objektive Analysen und Daten. Sie sind wichtig – aber mindestens genauso wichtig ist die Fähigkeit, das Projekt als großartig, neu und einzigartig zu verkaufen. Jeder Netzwerkpartner, der eingebunden wird, jeder, der im Rahmen des Prototyping als Mitwirkender gewonnen wird, muss das Gefühl haben, an etwas Großem mitzuwirken. KI-Lösungen einzuführen und voranzutreiben bedeutet, Träume so lange zu verkaufen, bis sie sich als real erweisen.

Der Sponsor ist in der Regel kein festes Teammitglied, das jeden Tag vor Ort ist. Dennoch ist er für das Funktionieren des Teams von entscheidender Bedeutung. Wichtige Entscheidungen werden schnell und direkt getroffen, die bloße Anwesenheit eines Sponsors im Top-Management öffnet Türen. Innovationsteams, die beispielsweise einen Finanzvorstand als Sponsor gewinnen können, machen oft die Erfahrung, dass auf wundersame Weise plötzlich Budgets frei werden, von denen man vorher nichts wusste.

7.2 Welches Wissen KI-Teams benötigen

Bereits in der Potenzialanalyse wird abgefragt, welches Wissen innerhalb Ihres Unternehmens und in den verschiedenen Fachbereichen in Bezug auf KI-Lösungen vorhanden ist. Teams, die bereits unterschiedliche Lösungen ausprobiert oder sogar im Einsatz haben, verfügen über ein deutlich größeres Know-how als solche, die noch am Anfang stehen.

Das folgende Wissen und Know-how sollte in einem Projektteam vorhanden sein, um eine KI-Lösung im Unternehmen einzuführen.

Wissen im konkreten Anwendungsfall aus dem jeweiligen Unternehmensbereich

Bevor eine KI-Lösung in einem Bereich eingeführt werden kann, muss zunächst einmal ein tiefes Verständnis von Prozessen und Verfahren in diesem Bereich gewonnen werden. Know-how über den konkreten Anwendungsfall und den Unternehmensbereich ist deshalb eine wichtige Grundlage.

- Verständnis der spezifischen Anforderungen und Ziele des Unternehmensbereichs, in dem die KI-Lösung eingesetzt werden soll.
- Kenntnis der Prozesse und der Ergebnisse, die erzielt werden.
- Branchenkenntnis und Fachwissen, um die Problemstellung und mögliche Lösungen vollständig zu verstehen.

Lösungswissen: Kenntnis verschiedener Systeme und ihrer Anwendungsbereiche

KI-Modelle selbst entwickeln oder eine fertige Lösung nutzen? Mit eigenen Daten ein bestehendes Modell trainieren? Oder lieber eine Komplettlösung inklusive Projektmanagement und Know-how einkaufen?

Vor diesen Fragen stehen Projektteams. Um die besten Antworten zu finden, ist ein Überblick über Technologien und Anbieter in diesem Markt wichtig.

- Kenntnis verschiedener KI-Technologien, Algorithmen und Methoden und deren Eignung für den Anwendungsfall.
- Verständnis bestehender KI-Lösungen am Markt und deren Vor- und Nachteile im Projektkontext.

IT-Wissen: Kenntnisse der Grundlagen der künstlichen Intelligenz und der benötigten Datenstrukturen

- Grundlegendes Verständnis von Machine Learning und Deep Learning und deren Einsatzmöglichkeiten.
- Abbilden von Tätigkeiten und Prozessen in Form von Daten (Datenmodellierung).

Anwendungswissen: Know-how in der praktischen Arbeit mit KI-Systemen

- Fähigkeit zur Datenaufbereitung und -bereinigung, um qualitativ hochwertige Daten für das Training der KI-Modelle zu gewährleisten.
- Erfahrung mit dem Training, der Validierung und dem Testen von KI-Modellen, um deren Leistung zu optimieren.
- Verständnis von Evaluationsmetriken, um die Effektivität der KI-Lösung zu messen und zu bewerten.
- Kenntnisse über Skalierbarkeit und Leistungsoptimierung, um sicherzustellen, dass die Lösung in der Praxis effizient funktioniert.

Die Zusammenstellung eines multidisziplinären Teams, das über diese vielfältigen Kenntnisse verfügt, ist entscheidend für die erfolgreiche Einführung einer KI-Lösung im Unternehmen.

8.

Proof of Concept

6
Proof of Concept
Innovationsallee
Prototypenstraße
Prototypenstraße
Am Datenplatz
Versuchsstraße
Entwicklungstempo
Hoch
Innovation Greenhouses
100 m

Wie unterscheidet man eine bahnbrechende Idee von einem kostspieligen Fehltritt? Die Antwort ist überraschend einfach, wird aber oft übersehen: ein Proof of Concept (PoC).

Ein Proof of Concept (PoC) ist ein Prototyp, der die Funktionsfähigkeit und Wirksamkeit einer Idee demonstriert, bevor große Investitionen in die Entwicklung und Umsetzung getätigt werden. Es ermöglicht Teams, ihre Hypothesen in einer kontrollierten Umgebung zu testen, Risiken zu minimieren und die Machbarkeit einer Lösung zu bewerten. Dieser entscheidende Schritt hilft, Entscheidungsträger im Unternehmen davon zu überzeugen, dass die geplante KI-Lösung nicht nur technisch machbar, sondern auch wirtschaftlich sinnvoll ist.

»Den PoC-Schritt zu überspringen ist nicht nur riskant. Es kann sogar verhängnisvoll sein.«

Ohne einen vorab getesteten Prototyp laufen Teams Gefahr, in eine Reihe von Fallen zu tappen: von technischen Beschränkungen über unvorhergesehene Kosten bis hin zu Lösungen, die sich am Ende nicht skalieren oder an die spezifischen Bedürfnisse des Unternehmens anpassen lassen. Ein schlecht konzipiertes KI-Projekt kann nicht nur finanzielle Ressourcen verschwenden, sondern auch das Vertrauen in die Innovationsfähigkeit eines Teams oder sogar eines ganzen Unternehmens untergraben.

In diesem Kapitel erfahren Sie, warum ein Proof of Concept für KI-Projekte unerlässlich ist, welche Elemente er umfassen sollte und wie er als entscheidendes Instrument für den Projekterfolg dienen kann.

8.1 Wählen Sie den für Sie am besten geeigneten Ansatz

Es gibt verschiedene Möglichkeiten, den Nachweis zu erbringen, dass eine KL-Lösung funktioniert oder nicht funktioniert.

Bestehende Marktprodukte

Ihr Team kann sich dafür entscheiden, eine bestehende KI-Lösung auf dem Markt zu verwenden. In diesem Fall besteht der nächste Schritt darin, die am besten geeigneten Produkte zu identifizieren und zu bewerten.

Entwicklung auf einer Plattform

In den nächsten Jahren werden immer mehr Plattformen entstehen, die es auch Personen ohne IT-Hintergrund ermöglichen, eigene Anwendungen zu entwickeln.

Eigene Entwicklung

Ihr Team kann auch eine eigene KI-Lösung von Grund auf entwickeln. Dies ist in der Regel ressourcenintensiver, bietet aber mehr Kontrolle und Anpassungsmöglichkeiten.

Zusammenarbeit mit einem Partner

Wenn Ihr Unternehmen nicht über die notwendigen Ressourcen oder das Know-how verfügt, kann eine Partnerschaft mit einem spezialisierten Unternehmen sinnvoll sein.

Inhouse mit eigenen Ressourcen

Manchmal ist die notwendige Expertise bereits im Unternehmen vorhanden, aber nicht in einer formellen KI-Abteilung gebündelt. In diesem Fall können interne Teams gebildet werden.

Beispiel: KI auf der Baustelle

Sie betreiben ein Bauunternehmen. Wenn Sie Zubehör bestellen, wird dieses vom Großhändler in den frühen Morgenstunden geliefert und vor der Baustelle abgestellt. Bisher haben Sie täglich einen Mitarbeiter mit der Entgegennahme der Ware beauftragt. Allerdings saß er manchmal ein bis zwei Stunden herum, weil die Lieferung nicht jeden Tag zur gleichen Zeit eintraf. Ihre Idee: Sie möchten in Zukunft automatisch benachrichtigt werden, sobald die Lieferung eingetroffen ist. Dazu wollen Sie Bilderkennungsverfahren einsetzen.

Natürlich können Sie jetzt damit beginnen, diesen Anwendungsfall gleich in Perfektion zu bauen. Teuer und aufwendig geht immer. Doch die Frage ist zunächst: nützt Ihnen ein solcher Anwendungsfall überhaupt etwas? Um das herauszufinden, starten Sie idealerweise mit Anwendungen, die es bereits auf dem Markt gibt.

Verwendung bestehender Produkte

Gehen Sie auf die Suche nach Apps oder Anbietern, die diese Verfahren bereits standardmäßig anbieten. Verwenden Sie beispielsweise Anwendungen wie Lobe (lobe.ai). Hier laden Sie einfach verschiedene Bilder hoch: Sie bringen dem Modell bei, wie es aussieht, wenn keine Ladung angeliefert wird. Dann bringen Sie ihm bei, wie es aussieht, wenn Ladung angeliefert wird. Dazu laden Sie einfach Bilder hoch oder machen Aufnahmen. Lobe entwickelt daraus eigene Vorhersagemodelle. Wie trainiert man die künstliche Intelligenz? Auch das ist ganz einfach: Wenn Lobe etwas falsch erkennt, klicken Sie auf einen roten Button. Wenn es richtig ist, einen grünen.

Vielleicht sind große Investitionen überflüssig

Einige Lösungen, mit denen Sie Automatisierungen mithilfe von KI vornehmen können, können Sie möglicherweise bereits nutzen – ohne dass Sie teure Extralösungen einkaufen. Wenn Sie beispielsweise Microsoft 365 nutzen, können Sie problemlos auch Anwendungen wie Power Automate oder den Microsoft 365 Copilot nutzen. In einem solchen Fall lohnt es sich abzuwägen, ob Sie eine eigene KI entwickeln oder Ihre Beschäftigten in der Nutzung bereits bestehender Lösungen schulen. Ansonsten finden Sie schnell und einfach bestehende Lösungen.

Tipp: So finden Sie bestehende Anwendungen

Verwenden Sie Suchbegriffe wie »Bilderkennungssoftware«, »Bilderkennungs-API« oder »Bilderkennungs-SDK«. Oder suchen Sie direkt nach einem der gerade genannten Anbieter. In der Regel erhalten Sie bei einer einfachen Google-Suche bereits unzählige weitere Vorschläge.

Einfache Entwicklung einer Bilderkennung (Quelle: lobe.ai)

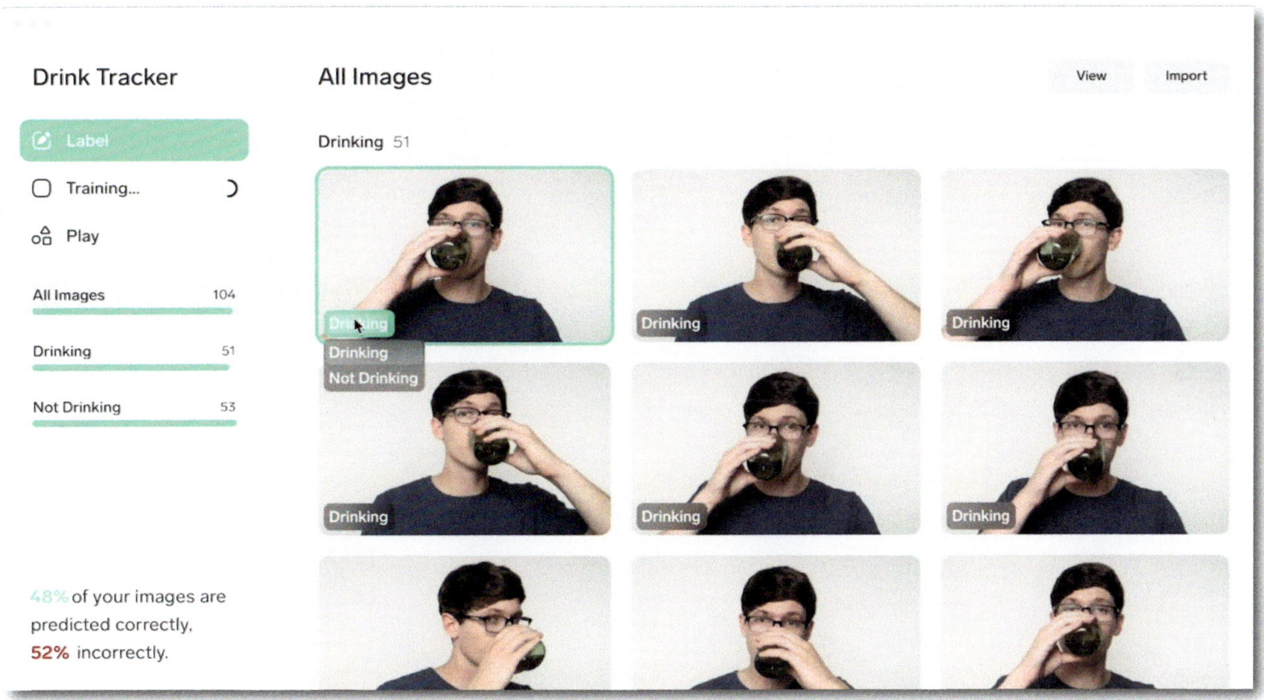

Nutzung einer Plattform

Beispiel: Virtuelle Kundenberaterin

Die KI-Potenzialanalyse hat ergeben, dass Im Unternehmen hohe Kosten durch Routineanfragen entstehen. Kunden rufen beispielsweise bei Ihnen an, um nach Öffnungszeiten zu fragen oder bestimmte Features Ihres Produkts zu verstehen.

Um diese Kosten zu senken, möchten Sie künftig einen Chatbot für einfache Anfragen auf Ihrer Webseite platzieren. Ihr Ziel ist es, einerseits die Kundenzufriedenheit bei der Beantwortung einfacher Fragen zu erhöhen, andererseits die internen Kosten für den Kundenservice zu senken.

»Der Vorteil der Nutzung solcher Plattformen: Sie können vieles sogar ohne große technische Vorkenntnisse selbst erledigen.«

Es gibt mittlerweile unzählige Anbieter von Plattformen, auf deren Technologie sie einen Chatbot entwickeln können. Auch können Sie einen Chatbot in unterschiedlicher Komplexität entwickeln: von einfachen Anfragen bis hin zur Klärung komplexer Sachverhalt.

Gerade wenn es darum geht, einen Proof of Concept zu erstellen, ist es sinnvoll, zunächst einmal mit einem einfachen Anwendungsfall zu beginnen.

Hier ein Überblick über Plattformen, die zum Jahreswechsel 2023/2024 verfügbar sind.

Dialogflow

Dieses cloudbasierte Tool stammt von Google und nutzt Technologien zur Verarbeitung natürlicher Sprache, um Nutzeranfragen effektiv zu beantworten und mit den Nutzern zu interagieren.

Microsoft Bot Framework

Dieses Framework von Microsoft ist plattformneutral und ermöglicht es Entwicklern, Chatbots zu erstellen, die mit verschiedenen Diensten wie Skype, Facebook Messenger und Slack kompatibel sind.

IBM Watson

Watson von IBM ist eine Cloud-basierte KI-Entwicklungsplattform, die Entwickler bei der Erstellung von Chatbots unterstützt und künstlich intelligente Konversationen ermöglicht.

Botpress

Als Open-Source-Lösung bietet Botpress Entwicklern die Flexibilität, individuelle Chatbots einfach zu entwerfen und einzusetzen.

Einige Chatbot-Entwicklungstools sind leicht zugänglich und auch für Anfänger leicht verständlich, während andere ein hohes Maß an technischem Know-how erfordern. Einige bieten eine einfache Integration und leistungsstarke Sprachverarbeitung, sind aber nur begrenzt anpassbar. Andere zeichnen sich durch Plattformunabhängigkeit aus, bieten aber nur begrenzte Integrationsmöglichkeiten. Hochentwickelte Tools bieten umfassende KI-Funktionen, sind aber oft teurer und komplexer. Open-Source-Alternativen sind kostengünstig, erfordern aber Spezialwissen.

Tipp: So finden Sie die für Sie am besten geeignete Entwicklungsplattform

Wenn Ihr Projekt eher einfach ist oder Sie neu in diesem Bereich sind, sollten Sie nach einer Plattform suchen, die benutzerfreundlich ist und einen einfachen Einstieg bietet. Wenn Ihr Projekt komplex ist und Sie über ausreichendes technisches Know-how verfügen, kann eine leistungsfähigere, aber komplexere Plattform die bessere Wahl sein.

Berücksichtigen Sie, wie gut die Plattform in Ihre bestehende Technologielandschaft passt. Und überlegen Sie, wie viel Sie investieren möchten. Die Kosten können stark variieren, je nachdem, ob Sie sich für eine kostenlose Open-Source-Lösung oder eine kommerzielle Plattform mit umfangreichen Funktionen entscheiden.

Aufbau eines eigenen Entwicklungsteams

Beispiel: Zeitraubende Suche nach Informationen

Sarah und Tom, zwei Kundendienstmitarbeiter eines Energieversorgers, starren auf ihre Bildschirme. Ein Kunde hat gerade eine komplexe Frage zu seiner Jahresabrechnung gestellt. Sarah weiß, dass die Antwort irgendwo in den unzähligen Dokumenten des Firmenarchivs versteckt ist. »Ich finde sie einfach nicht«, murmelt Tom frustriert, während er durch PDFs und E-Mails scrollt. Die Zeit drängt, der Kunde am anderen Ende der Leitung wird ungeduldig. Beide fühlen sich hilflos und ineffizient, denn sie wissen, dass diese Verzögerung dem Ruf des Unternehmens und der Kundenzufriedenheit schadet.

Das Unternehmen beschließt, ein eigenes Entwicklungsteam aufzubauen. Die wichtigste Frage in der Proof-of-Concept-Phase ist: Genügt es, die Vorarbeiten zunächst von einer Person durchführen zu lassen, die möglicherweise freiberuflich tätig ist und nichts mit dem Unternehmen zu tun hat? Oder müssen von Anfang an personelle Kapazitäten aufgebaut werden?

Der Aufbau eines effizienten KI-Entwicklungsteams stellt Unternehmen vor zahlreiche Herausforderungen, insbesondere in der Rekrutierungsphase.

»Qualifizierte Entwicklerinnen und Entwickler, die sowohl über fundierte KI-Kenntnisse als auch über praktische Erfahrung in der Softwareentwicklung verfügen, sind oft schwer zu finden und hart umkämpft.«

Angebote für Freelancer bei FiverR (Quelle: fiverr.com)

fiverr pro. Finde die besten Freelancer für dein Projekt

Grafik & Design | Text & Übersetzung | Programmierung & Technik | Digitales Marketing | Daten | Video & Animation | Musik & Audio | Fotografie | Business | KI-Services

Programmierung & Technik › KI-Entwicklung

Pro-Katalog | **Vollständiger Katalog**

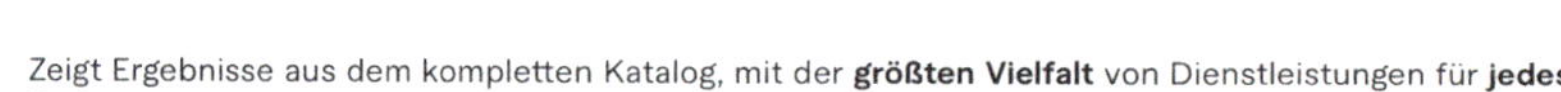
Zeigt Ergebnisse aus dem kompletten Katalog, mit der **größten Vielfalt** von Dienstleistungen für **jedes Budget**.

994 Dienstleistungen für **KI-Integrationen**

OPTIONEN

- **AI engine**
- **Programming language**
- **Dienstleistung beinhaltet**
- **Lieferzeit**
- **Budget**

FREELANCER-DETAILS

- **Freelancer-Level**
- **Freelancer spricht**
- **Freelancer wohnt in**
- **Verkäufer anzeigen, die online sind**

Vlad Hu — Pro

Ich helfe Ihnen dabei, der KI beizubringen, Artikel mit Ihrer Stimme z...

Ab 97[31] €

Daniel Silva — Level 2

Ich werde Ihr AI-Chat-GPT-Modell erstellen und bereitstellen

★ 5,0 (6)

Ab 68[11] €

Codewave — Level 2

Ich integriere den Chatgpt-Chatbot in Ihre Web- oder Mobil-App

Ich spreche Deutsch +2

★ 5,0 (20)

Ab 97[31] €

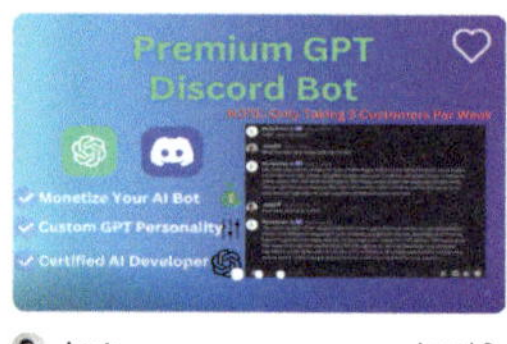

Jorge — Level 2

Ich werde einen benutzerdefinierten GPT-AI-Bot für Ihren Discord erstellen

★ 5,0 (22)

Ab 287[06] €

Mubashir Nasir — Level 1

Ich werde eine benutzerdefinierte API für Langchain, ChatPDF und Personal...

Ab 92[44] €

Kashan Ghori — Level 2

Ich werde Ihr OpenAI-Entwickler sein, um chatgpt3 und 4 in Ihr Unternehmen...

★ 5,0 (13)

Ab 77[85] €

Dies stellt insbesondere für kleinere Unternehmen oder Start-ups eine Hürde dar.

Tipp: Gehen Sie mit einem natürlichen Geiz an die Entwicklung heran

Der Aufbau eines kleinen KI-Entwicklungsteams über Freelancer auf dem Marktplatz FiverR lässt sich bereits für einige hundert Euro im Monat realisieren. Dafür dürfen Sie keine Wunder erwarten, aber durchaus respektable Ergebnisse. Bei komplexeren, maßgeschneiderten Systemen, die spezialisierte Fähigkeiten und eine tiefgreifende Integration erfordern, können die Kosten schnell in die Millionen gehen.

8.2 So entwickeln Sie Ihren Prototyp Schritt für Schritt

Ein systematisches Vorgehen in mehreren Phasen – von der Planung über die Entwicklung bis zur Evaluation – hilft, Risiken zu minimieren, Ressourcen effizient einzusetzen und Erfolgschancen zu maximieren.

In diesem Abschnitt erfahren Sie, wie Sie einen KI-Prototypen Schritt für Schritt entwickeln können, um sicherzustellen, dass das Endprodukt nicht nur technisch ausgereift ist, sondern auch den Unternehmenszielen entspricht.

Die wichtigste Aufgabe: Prozesse und Tätigkeiten in Daten abbilden

Der erste und wichtigste Schritt besteht darin, zu verstehen, dass praktisch alles in einem Unternehmen in Form von Daten dargestellt werden kann. Es gibt viel mehr Daten, als man zunächst denkt. Nehmen wir zum Beispiel unseren Körper. Aus der Sicht eines Teams, das einen KI-Prototypen entwickelt, ist unser Körper nichts anderes als ein gigantischer Datenproduzent.

Beispiel: Unser Körper als Datenmaschine

Von Vitaldaten wie Herzfrequenz, Blutdruck und Körpertemperatur bis hin zu biochemischen Messwerten wie Blutzucker, Hormonspiegel und Sauerstoffsättigung – all diese Daten liefert unser Körper rund um die Uhr. Darüber hinaus können auch Bewegungsmuster (Häufigkeit, Geschwindigkeit, Art der Bewegung), Schlafzyklen, Ernährungsgewohnheiten und sogar psychologische Indikatoren wie Stresslevel oder Stimmung als Daten erfasst werden. Selbst wenn Sie nichts tun, produzieren Sie Daten. Und selbst wenn dieser Datensatz nur aus der Information besteht, dass Sie im Moment nichts tun, können auch das wertvolle Daten sein.

Der Schlüssel zur Entwicklung eines KI-Prototypen liegt in der Fähigkeit, aus der Vielzahl der verfügbaren Daten die richtigen auszuwählen beziehungsweise neue Datenquellen zu identifizieren.

Auswahl und Aufbereitung der Datenquellen

Welche Daten Sie erheben und wie Sie sie letztlich aufbereiten ist entscheidend für den Erfolg der KI-Anwendung. Die Daten müssen einerseits zugänglich, andererseits qualitativ hochwertig sein. Sind die Datenquellen identifiziert, folgt die Bereinigung und Aufbereitung der Daten. Außerdem muss entschieden werden, welche KI-Algorithmen oder Frameworks eingesetzt werden sollen. Um effizient arbeiten zu können, sollte auch die Entwicklungsumgebung mit den notwendigen Tools, Bibliotheken und Hardwareressourcen eingerichtet werden.

Tipp: Fragen für die Auswahl und Aufbereitung Ihrer Daten

Welche Datenquellen stehen zur Verfügung und wie verlässlich sind sie?

Sind die Datenquellen aktuell und repräsentativ für den Anwendungsfall?

Wie relevant sind die Daten für das Problem, das wir mit KI lösen wollen?

Welche rechtlichen Restriktionen oder Datenschutzbestimmungen müssen wir beachten?

Gibt es fehlende Werte und wie gehen wir damit um?

Wie komplex muss unser Modell sein, um genaue Ergebnisse zu liefern, ohne dass wir die Lösung überfrachten?

Entwicklung des ersten Datenmodells

Wenn Sie Artikel über künstliche Intelligenz lesen, ist das sogenannte Datenmodell einer der Schlüsselbegriffe. Um beim Beispiel des menschlichen Körpers zu bleiben: Wenn Sie alle Daten, die Ihr Körper im Laufe eines Tages liefert, in einen großen Topf werfen, erhalten Sie eine gigantische Datenmenge. Und vor allem hätten Sie eine Menge Informationen, die für Ihren Anwendungsfall völlig überflüssig sind.

Beispiel: Datenmodell für den menschlichen Körper entwickeln

Nehmen wir an, Sie möchten ein Prognosemodell entwickeln, um Sportler zielgerichteter zu trainieren und für eine optimale Ernährung zu sorgen. Dann stehen Sie vor zwei wichtigen Fragen: Was genau wollen Sie vorhersagen? Und welche Daten ermöglichen diese Prognose? Natürlich könnten Sie die Häufigkeit des Haarewaschens als Datensatz hinterlegen, genauso wie die Information, wie oft sich jemand dehnt. Oder wie viel Zeit durchschnittlich zwischen Aufwachen und Aufstehen vergeht. Die Frage ist nur: Sind das die wirklich wichtigen Daten?

Bei der Entwicklung des Datenmodells macht es einen großen Unterschied, ob Sie sich auf die Trainingshäufigkeit, das Ernährungstagebuch, den Blutdruck, den Blutzucker und die Herzfrequenz stützen. Oder ob Sie innovative Technologien wie Schweißsensoren nutzen, um die im Schweiß enthaltenen Chemikalien und andere Gesundheitsinformationen zu analysieren. Eine wichtige Überlegung ist daher: Können wir bessere Daten sammeln? Können wir die Qualität der Daten verbessern?

»Am Anfang wird Ihr Prototyp nicht perfekt sein! Sie werden feststellen, dass Sie zu wenige Daten haben, dass Sie die Daten nicht genau erfassen, dass Ihre Daten nicht aussagekräftig genug sind oder dass Sie einfach viel zu viele Daten haben.«

Aber das macht nichts. Genau aus diesem Grund entwickeln Sie einen Prototyp. Um herauszufinden, welche Daten für Ihren Anwendungsfall am besten geeignet sind.

Entwicklung/Implementierung

Der nächste Schritt ist die Entwicklung des Prototyps, der die grundlegenden Funktionen der geplanten KI-Lösung abbildet. Nach der Entwicklung sollte der Prototyp ausgiebig getestet werden, um sicherzustellen, dass er die gestellten Anforderungen erfüllt. Ein iteratives Feedbacksystem ist dabei hilfreich, um frühzeitig Anpassungen vornehmen zu können.

Während der Entwicklung des Prototyps gibt es sowohl strategische als auch technische Rollen. Die Rollen und ihre Aufgabenprofile sind nachfolgend aufgelistet. Nicht für jede Rolle muss eine eigene Person in das Projektteam aufgenommen werden. Häufig – insbesondere bei Start-ups oder wenn es um die schnelle und schlanke Entwicklung von Prototypen geht – werden mehrere Rollen und Aufgaben von einer Person übernommen.

Strategische Aufgaben und Rollen bei der Entwicklung und Implementierung		
Projektmanagement	Koordiniert die verschiedenen Teams und stellt sicher, dass das Projekt reibungslos abläuft.	**Aufgaben:** Zeitplanung, Ressourcenmanagement, Risikobewertung.
Fachexpertise	Versteht die geschäftlichen Anforderungen und übersetzt sie in technische Spezifikationen.	**Aufgaben:** Anforderungsanalyse, Erstellung von Anwendungsfällen, Kommunikation mit Stakeholdern.

Technische Aufgaben und Rollen bei der Entwicklung und Implementierung		
Datenexperten	Verantwortlich für die Auswahl, Analyse und Aufbereitung der Daten, die Auswahl des geeigneten Machine-Learning-Modells und dessen Training.	**Aufgaben:** Datenanalyse, Funktionsentwicklung, Modelltraining und -evaluierung.
Qualitätssicherung	Überprüft, ob der Prototyp den Anforderungen und Standards entspricht.	**Aufgaben:** Testplanung, Testdurchführung, Dokumentation der Testergebnisse.
UI/UX Design	Gestaltet die Benutzeroberfläche und die Benutzererfahrung, um sicherzustellen, dass der Prototyp benutzerfreundlich ist.	**Aufgaben:** Designentwürfe, Benutzerstudien, Unterstützung bei der Implementierung.

Evaluation und Dokumentation

Es ist wichtig, Leistungsindikatoren zu definieren, die den Erfolg des Projekts messbar machen. Nach der Umsetzung sollten die Ergebnisse evaluiert und mit den definierten Metriken verglichen werden. Jeder Schritt des Prozesses und die erzielten Ergebnisse sollten sorgfältig dokumentiert werden.

Die Erfolgsindikatoren sollten aus drei verschiedenen Richtungen betrachtet werden, die Sie hier finden.

Strategisch-organisatorische Erfolgsindikatoren	
Return on Investment (ROI)	Wie hoch ist der erwartete Ertrag im Verhältnis zu den Gesamtkosten des Projekts?
Kosten-Nutzen-Verhältnis	In welchem Verhältnis steht der Nutzen der KI-Anwendung zu den Entwicklungskosten?
Time-to-Market	Wie schnell konnte der Prototyp entwickelt und implementiert werden?
Einhaltung des Projektzeitplans	Wurden alle Meilensteine und Phasen des Projekts fristgerecht abgeschlossen?
Qualitätsstandards	Wurden alle festgelegten Qualitätskriterien und -standards erfüllt?

Technische Erfolgsindikatoren	
Modellgenauigkeit	Wie genau ist das entwickelte KI-Modell im Vergleich zu den definierten Anforderungen?
Systemlatenz	Wie schnell antwortet die KI-Anwendung auf Anfragen oder führt geplante Aufgaben aus?
Skalierbarkeit	Wie gut passt sich die KI-Lösung an wachsende Datenmengen oder Nutzerzahlen an?
Fehlerrate	Wie häufig treten Fehler oder Ausfälle auf und wie schwerwiegend sind diese?
Qualitätsstandards	Wurden alle festgelegten Qualitätskriterien und -standards erfüllt?

Nutzerzentrierte Erfolgsindikatoren	
Nutzerzufriedenheit	Wie zufrieden sind die Endnutzer mit der KI-Lösung?
Adoptionsrate	Wie schnell und in welchem Umfang wird die neue KI-Lösung von den Endnutzern angenommen?
Nutzeraktivität	Wie häufig und intensiv wird die KI-Lösung von den Nutzern verwendet?

Präsentation und Nachbereitung

Nach erfolgreichem Abschluss des PoC werden die Ergebnisse und die nächsten Schritte den Stakeholdern präsentiert. Es sollte ein Skalierungsplan entwickelt werden, der aufzeigt, wie der Prototyp in ein voll funktionsfähiges System überführt werden kann. Schließlich ist es ratsam, die Lessons Learned festzuhalten und Pläne für die Weiterentwicklung der KI-Lösung zu entwickeln.

8.3 Der Prozess: Iterationsschleifen

Die Entwicklung eines KI-Prototypen ist keine lineare Reise, sondern vielmehr ein zyklischer Prozess, der aus Experimenten, Anpassungen und Verbesserungen besteht. In diesem Abschnitt wird der Entwicklungsprozess als Iterationsschleife betrachtet, die von der Prototypenentwicklung über Akzeptanztests und das Sammeln von Feedback bis hin zur Optimierung und erneuten Prototypenentwicklung reicht.

Phase I: Entwicklung eines ersten Prototyps

Ausgangspunkt jeder Iterationsschleife ist die Entwicklung eines ersten rudimentären Prototyps. Hier werden die wichtigsten Funktionen und Algorithmen implementiert, allerdings noch in einer sehr einfachen Form. Ziel ist es, eine Arbeitsgrundlage zu schaffen, die realistische Tests ermöglicht.

Vorgehen bei der Entwicklung eines Prototypen

Prototyp

Neue Ideen

Akzeptanztests

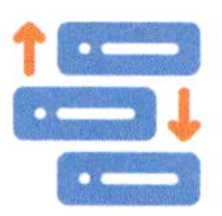

Priorisierung

Feedback

Konzept

Phase 2: Akzeptanztests

Nachdem der erste Prototyp entwickelt wurde, folgt die Phase der Akzeptanztests. In dieser Phase wird der Prototyp einer Reihe von Nutzertests und technischen Überprüfungen unterzogen. Der Schwerpunkt liegt darauf, zu verstehen, ob der Prototyp die grundlegenden Ziele und Anforderungen erfüllt.

Phase 3: Feedback sammeln

Nach den Akzeptanztests ist es Zeit für eine intensive Feedback-Sammlung. Dieses kann sowohl von den Testpersonen als auch vom internen Team kommen. Es wird eine Liste mit Stärken und Schwächen, aber auch mit Vorschlägen für neue Features oder Änderungen erstellt.

Phase 4: Ideen sammeln und priorisieren

Aus dem gesammelten Feedback werden neue Ideen zur Optimierung des Prototyps entwickelt. Diese Ideen werden im interdisziplinären Team diskutiert und priorisiert. Die wichtigsten oder vielversprechendsten Optimierungen werden für die nächste Iteration ausgewählt.

Phase 5: Konzeptanpassung und erneute Prototypenentwicklung

Mit den priorisierten Ideen wird das Konzept des Prototyps angepasst. In dieser Phase werden auch notwendige Überarbeitungen des Codes oder des Datenmodells vorgenommen. Anschließend wird ein aktualisierter Prototyp entwickelt, der die Erkenntnisse aus den vorangegangenen Phasen berücksichtigt.

Phase 6: Start einer neuen Iterationsschleife

Nach Fertigstellung des aktualisierten Prototyps beginnt der Zyklus erneut: Akzeptanztests, Einholen von Feedback, Ideensammlung und Priorisierung, Konzeptanpassung und erneute Prototypentwicklung. Diese Schleife wird so oft durchlaufen, bis ein Ergebnis erreicht ist, das alle Beteiligten überzeugt.

»Der iterative Entwicklungsprozess von KI-Prototypen ist ein dynamischer und flexibler Ansatz, der es ermöglicht, schnell auf Feedback und neue Erkenntnisse zu reagieren.«

Durch ständiges Überarbeiten und Anpassen des Prototyps nähert sich das Team schrittweise dem Endprodukt, das nicht nur technisch ausgereift, sondern auch benutzerfreundlich und marktfähig ist. Diese Methodik ist besonders in der schnelllebigen Welt der KI-Entwicklung von unschätzbarem Wert.

8.4 Die Organisation: Das Innovation Greenhouse

Das operative Geschäft in Unternehmen ist häufig geprägt von kurzfristigen Erfolgszielen, Quartalsberichten und unmittelbaren Kundenanforderungen. In einem solchen Umfeld bleibt wenig Raum für innovative Projekte, deren Erfolg sich manchmal erst mittel- bis langfristig zeigt. Fehler werden hier oft nicht als Lernchance, sondern als Scheitern wahrgenommen, was die Bereitschaft, Risiken einzugehen und Neues auszuprobieren, deutlich reduziert.

Das Konzept der Innovation Greenhouses

In meinem Buch »Radikale Innovation« habe ich erstmals das Konzept der Innovation Greenhouses vorgestellt: eine innovative Organisationsform, die speziell darauf abzielt, innovative Projekte abseits des Tagesgeschäfts umzusetzen. Ähnlich wie ein Gewächshaus junge Pflanzen vor Wind und Wetter schützt, schützt das Innovation Greenhouse junge, fragile Innovationsprojekte vor den »Unwettern« des Unternehmensalltags. In diesem geschützten Raum können Ideen ohne den Druck des Tagesgeschäfts gedeihen. Teams können experimentieren, Fehler machen, daraus lernen und iterativ vorgehen – alles in einer Umgebung, die auf die Entwicklung von KI-Prototypen ausgelegt ist.

Struktur eines Innovation Greenhouse

Ein typisches Innovation Greenhouse ist multidisziplinär aufgebaut und umfasst Expertinnen und Experten in den sieben bereits beschriebenen Rollen. Die Infrastruktur ist flexibel gestaltet, um schnell auf neue Anforderungen reagieren zu können. Dabei wird großer Wert darauf gelegt, dass die Teams autonom agieren können, aber auch die notwendige Unterstützung durch das Mutterunternehmen erhalten, sei es in Form von Budget, Know-how oder technischen Ressourcen.

Veränderung der
Rahmenbedingungen
Zerstörung
Diebe

Fallstricke und ihre Vermeidung

Obwohl ein Innovation Greenhouse viele Vorteile bietet, gibt es auch Fallstricke. Einer davon ist die Gefahr der Isolation: Wenn das Team zu sehr vom Mutterunternehmen isoliert ist, können wertvolle Synergien und der Austausch von Know-how verloren gehen. Deshalb ist es wichtig, regelmäßige Checkpoints und Schnittstellen zum Mutterunternehmen zu etablieren.

8.5 Die Skalierung Ihres KI-Prototypen: Ein Leitfaden

Zunächst einmal herzlichen Glückwunsch. Ihr KI-Prototyp ist erfolgreich und bereit für den nächsten großen Schritt: die Skalierung. Skalierung klingt aufregend, ist aber mit einer Reihe von Überlegungen verbunden, die über den rein technischen Aspekt hinausgehen.

Die technische Basis

Zunächst muss sichergestellt werden, dass die technische Basis des Prototyps auch in größerem Maßstab funktioniert. Hier ist es wichtig, die Systemarchitektur genau unter die Lupe zu nehmen. Passt sie zu den neuen Anforderungen? Dann gilt es, über Ihre Daten nachzudenken. Je mehr Nutzer Sie haben, desto mehr Daten fallen an. Sind diese von guter Qualität und konsistent?

Hier kommt die Performance ins Spiel. Wie schnell und zuverlässig ist Ihr Prototyp, wenn er von Hunderten oder gar Tausenden von Menschen genutzt wird? Um das zu beurteilen, braucht es Benchmarks. Auch die Sicherheit darf nicht vernachlässigt werden. Mit der Skalierung steigt das Risiko von Sicherheitslücken, die im Vorfeld identifiziert werden sollten.

Das Budget

Wie viel wird die Skalierung kosten und ist diese Investition gerechtfertigt? Hier hilft eine gründliche Kosten-Nutzen-Analyse. Holen Sie alle Stakeholder mit ins Boot. Sie sollten informiert und idealerweise eingebunden werden, denn ihre Unterstützung kann entscheidend sein.

Die Benutzererfahrung

Ihr Prototyp mag im kleinen Maßstab funktionieren, aber tut er das auch, wenn die Zahl der Nutzer steigt? Hier können Sie viel aus dem Feedback der Pilotphase lernen. Denken Sie auch an die Unterstützung und Schulung der neuen Nutzer.

Monitoring der Lösung

Monitoring ist der Schlüssel zur kontinuierlichen Verbesserung. Messen Sie ständig die Leistung und den Nutzen Ihrer Anwendung, damit Sie sie kontinuierlich anpassen können.

Das klingt nach viel Arbeit – und ist es auch. Aber mit einem gut durchdachten Ansatz wird die Skalierung Ihres KI-Prototyps nicht nur machbar, sondern auch erfolgreich sein.

9.

Umsetzungsbarrieren abbauen

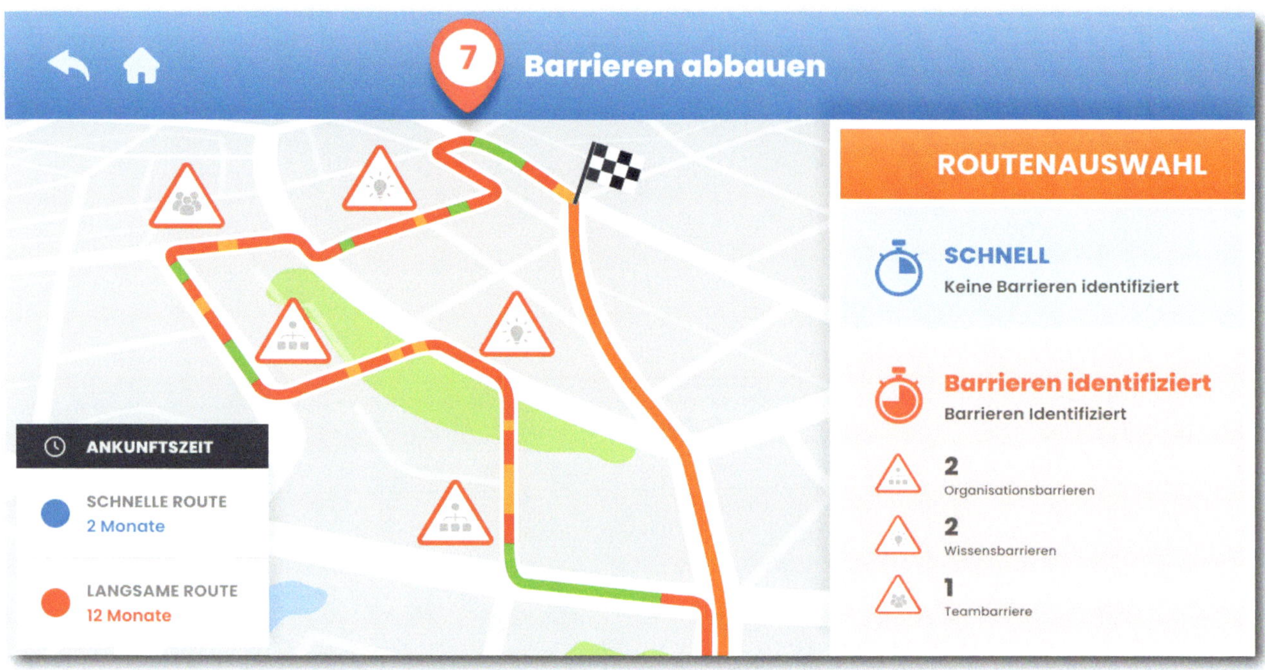
7
Barrieren abbauen
ROUTENAUSWAHL
SCHNELL
Keine Barrieren identifiziert
Barrieren identifiziert
Barrieren Identifiziert
2
Organisationsbarrieren
2
Wissensbarrieren
1
Teambarriere
ANKUNFTSZEIT
SCHNELLE ROUTE
2 Monate
LANGSAME ROUTE
12 Monate

So, Sie sind fertig. Ihre KI-Lösung funktioniert, eigentlich können Sie starten. Jedoch nur eigentlich. Denn jetzt beginnt der für viele Unternehmen schwierigste Teil. Sie müssen Führungskräfte und Beschäftigte auf dem Weg in die KI-Zukunft mitnehmen.

»Was? Ich werde automatisiert? Unverschämtheit!«
»Okay, die KI entscheidet jetzt. Aber der Arbeitskreis bleibt bestehen, oder?«
»Was sollen wir in Zukunft tun, wenn Teile unserer Aufgaben automatisiert werden?«

In diesem Kapitel erfahren Sie, wie Sie Ihr Unternehmen beziehungsweise Ihre Organisation fit für den Wandel der kommenden Jahre machen. Und wie Sie Barrieren abbauen, die einem erfolgreichen Wandel im Weg stehen.

»In den kommenden Jahren wird die Zahl der Anwendungsfälle, die für eine Automatisierung infrage kommen, exponentiell ansteigen. Dies wird nicht nur Arbeitsprozesse, sondern auch Unternehmenskulturen revolutionieren.«

Die fortschreitende Integration von KI wird zu einem schrittweisen, aber tiefgreifenden Wandel in der gesamten Organisation führen. Doch es gibt zahlreiche Barrieren, die die Implementierung von KI im Unternehmenskontext erschweren können.

Für einen erfolgreichen Übergang zu einer KI-gesteuerten Organisation müssen diese Barrieren erkannt und überwunden werden. Dabei geht es nicht nur um technische Fragen, sondern auch um ethische, organisatorische und strategische Herausforderungen. In diesem Kapitel erfahren Sie, wie die wichtigsten Barrieren identifiziert und überwunden werden können.

Diese Barrieren haben Sie zum größten Teil bereits in der KI-Potenzialanalyse identifiziert. Jetzt geht es darum, Schritt für Schritt die Innovationsfähigkeit Ihrer Organisation und damit die Akzeptanz von KI-Lösungen zu erhöhen.

Tipp: Der beste Zeitpunkt für den Abbau von Barrieren

Die Transformation von Unternehmen hin zu einer Organisation, die alle automatisierbaren Prozesse automatisiert, erfolgt Schritt für Schritt. Wenn Sie ganz am Anfang stehen und zunächst im kleinen Rahmen mit KI-Technologien experimentieren, kann der Abbau von Umsetzungsbarrieren ein sinnvoller letzter Schritt sein. Wenn Sie aber schneller vorankommen wollen und vielleicht schon erste Anwendungen implementiert haben, können Sie den Abbau von Umsetzungsbarrieren auch parallel zur technischen Entwicklung vorantreiben.

9.1 Abbau von kulturellen Barrieren

Das wahrscheinlich größte und offensichtlichste Hindernis ist das mangelnde Verständnis und die geringe Akzeptanz von KI auf allen Ebenen einer Organisation. Häufig wird KI als Bedrohung für bestehende Arbeitsplätze oder sogar für die Unternehmenskultur insgesamt gesehen.

In der KI-Potenzialanalyse werden diese Einstellungen abgefragt. Sie erfahren, inwieweit KI von Führungskräften und Mitarbeitern eher als Chance oder eher als Bedrohung wahrgenommen wird.

Um die Akzeptanz von KI-Lösungen zu erhöhen, sind folgende Handlungsfelder wichtig:

Kulturelle Barrieren abbauen

Verständnis schaffen

Kommunikation fördern

Beschäftigte einbinden

Bedenken begegnen

Verständnis schaffen

Der erste Schritt zum Abbau kultureller Barrieren ist die Schaffung eines breiten Verständnisses der Potenziale und Grenzen von KI. Workshops, Veranstaltungen und Coachings können helfen, das Bewusstsein und das Wissen über KI in der gesamten Belegschaft zu erhöhen.

Kommunikation fördern

Transparente Kommunikation ist entscheidend, um Missverständnisse und Ängste im Zusammenhang mit der Einführung von KI zu minimieren. Es sollte offen über die Gründe, Ziele und den erwarteten Nutzen der Einführung von KI gesprochen werden.

Partizipation ermöglichen

Beteiligen Sie Ihre Mitarbeiterinnen und Mitarbeiter frühzeitig an der Einführung von KI. Das schafft nicht nur ein Gefühl der Mitbestimmung, sondern liefert auch wertvolles Feedback aus der Praxis, das in die Weiterentwicklung der KI-Strategie einfließen kann.

Ängste ernst nehmen

Zu den kulturellen Barrieren gehört auch die Angst vor Arbeitsplatzverlust durch Automatisierung. Hier gilt es, Strategien zur Beschäftigungssicherung und Umschulung zu entwickeln und klar zu kommunizieren.

Insgesamt ist der Abbau kultureller Barrieren ein kontinuierlicher Prozess, der Empathie, Kommunikation und Bildung erfordert.

9.2 Abbau von organisatorischen Barrieren

Die Implementierung von künstlicher Intelligenz (KI) in einem Unternehmen ist mehr als nur eine technologische Herausforderung, es ist ein umfassender organisatorischer Wandel. Dieser Wandel betrifft nicht nur die IT-Infrastruktur, sondern auch Prozesse, Abläufe, Rollen und Verantwortlichkeiten im Unternehmen. Hier kann man doch ein Bespiel einführen. Zu lang?

Beispiel: Neue Strukturen im Vertrieb

Künstliche Intelligenz kann beispielsweise im B2B-Vertrieb dazu beitragen, Informationen über potenzielle Kunden effizienter zu recherchieren. Das ersetzt einerseits Fachkräfte, die diese Aufgaben bislang wahrgenommen haben. Andererseits gibt es auch die Möglichkeit, die Qualität der Kundenansprache drastisch zu verbessern. In beiden Fällen bedeutet es, dass neue Strukturen geschaffen werden müssen.

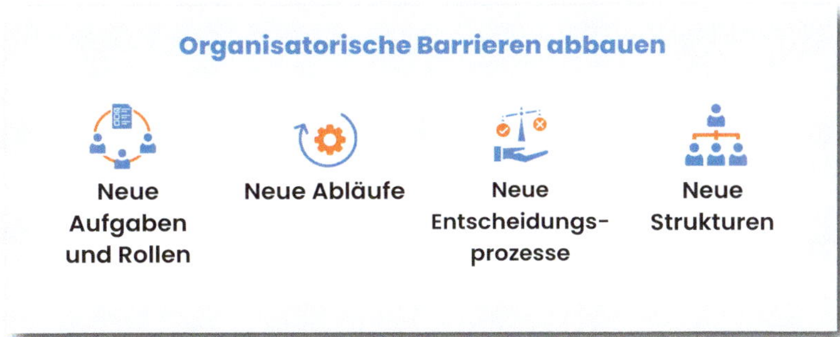

»Um das volle Potenzial von KI-Lösungen auszuschöpfen, ist oftmals eine organisatorische Umgestaltung erforderlich. Unternehmen, die diese Aspekte nicht berücksichtigen, werden mit hoher Wahrscheinlichkeit langfristig nicht den gewünschten Erfolg erzielen.«

In diesem Abschnitt lernen Sie typische organisatorische Barrieren kennen. Sie erhalten Lösungsansätze, um diese zu überwinden.

Problem: Alte Rollen und Verantwortlichkeiten werden beibehalten

Die Einführung von KI erfordert häufig eine Neubewertung und Anpassung von Rollen und Verantwortlichkeiten. Die Beibehaltung bestehender Rollen kann zu Konflikten und ineffizienter Ressourcennutzung führen.

Lösungsansatz

Eine genaue Analyse der bestehenden und benötigten Rollen kann helfen, Lücken und Überschneidungen zu identifizieren. Anschließend sollten neue Rollenbeschreibungen und Verantwortlichkeiten klar definiert und kommuniziert werden.

Problem: Ineffiziente oder veraltete Prozesse werden nicht verändert

Bestehende Prozesse sind oft nicht für die Agilität und Geschwindigkeit von KI optimiert. Ihre Beibehaltung kann dazu führen, dass Ihre Organisation nicht das volle Potenzial Ihrer KI-Lösungen ausschöpfen kann.

Lösungsansatz

Hinterfragen Sie kritisch alle Prozesse und Abläufe rund um die KI-Lösung. Überlegen Sie, ob Sie diese – wenn Sie die Organisation heute noch einmal von Grund auf mithilfe von KI aufbauen würden – wirklich genauso entwickeln würden.

Problem: Bestehende Entscheidungsstrukturen bleiben erhalten

KI ermöglicht schnelle und datenbasierte Entscheidungen. Bestehende, oft hierarchische Entscheidungsstrukturen können dem entgegenstehen.

Lösungsansatz

Einführung einer agilen Entscheidungsfindung, die den Einsatz von KI in Entscheidungsprozessen berücksichtigt. Dies könnte bedeuten, Entscheidungsprozesse zu dezentralisieren und näher an die Datenquelle beziehungsweise die KI-Anwendung zu verlagern.

Problem: Bestehende Organisations- und Abteilungsstrukturen werden aufrechterhalten

Traditionelle Abteilungsstrukturen sind häufig in Silos organisiert, die den übergreifenden Einsatz von KI-Lösungen behindern können.

Lösungsansatz

Eine Umstrukturierung hin zu einer stärker projektorientierten oder matrixartigen Organisation kann helfen, Silos aufzubrechen und KI effizienter zu integrieren.

Die Überwindung dieser organisatorischen Barrieren erfordert einen ganzheitlichen Ansatz und die Bereitschaft, bestehende Strukturen und Prozesse kritisch zu hinterfragen. So können Unternehmen das volle Potenzial von KI-Lösungen ausschöpfen und nachhaltige Wettbewerbsvorteile erzielen.

9.3 Abbau von Wissensbarrieren

Die Implementierung von künstlicher Intelligenz in Unternehmensprozesse ist nicht nur eine technische, sondern vor allem eine fachliche Herausforderung. Während sich die IT-Abteilung auf die technische Umsetzung konzentriert, stehen Führungskräfte und Beschäftigte vor der Aufgabe, sich die notwendigen Kenntnisse und Fähigkeiten im Umgang mit KI-Systemen anzueignen. Der Abbau von Wissensbarrieren ist daher ein kritischer Erfolgsfaktor bei der Einführung von KI und der damit verbundenen Automatisierung.

Wissensbarrieren abbauen

Im Folgenden werden Beispiele für Wissen genannt, das in den nächsten Jahren in Organisationen aufgebaut werden muss. Dieses Wissen mag ungewohnt erscheinen, wenn man die Aufgaben von Arbeitnehmern heute und in Zukunft miteinander vergleicht. Aber es ist auch keine Raketenwissenschaft. Diese Art von Anwendungswissen kann in Workshops und Seminaren oder durch E-Learning-Angebote vermittelt werden.

Grundverständnis für KI und maschinelles Lernen

Ein Grundverständnis der verschiedenen Arten von KI, Algorithmen und Techniken des maschinellen Lernens ist unerlässlich, auch wenn man keine fundierte Technologieexpertise besitzt.

Datenethik und Datenschutz

Beschäftigte müssen die ethischen und rechtlichen Einschränkungen im Umgang mit Daten verstehen, insbesondere im Hinblick auf die DSGVO und andere Datenschutzbestimmungen.

Datenanalyse und -interpretation

Die Fähigkeit, Datenmuster zu erkennen und zu interpretieren, wird immer wichtiger, um fundierte Geschäftsentscheidungen treffen zu können.

Beispiel: Nutzung des Microsoft Copilot

Der Copilot steht Microsoft-Nutzern und -Nutzerinnen seit September 2023 zur Verfügung. Doch es braucht Training und Ausbildung, um die besten Anwendungsfälle in Teams und Abteilungen zu identifizieren. Und um diese umzusetzen. Die Frage, wie gut Teams und Abteilungen in der Lage sind, den Copilot einzusetzen, hat einen entscheidenden Einfluss auf die Effizienz der Arbeit.

Kollaborative KI

Die Fähigkeit, menschliche und künstliche Intelligenz in einem Team effektiv zusammenzuführen, wird ein wichtiger Baustein für den Erfolg in einer KI-integrierten Arbeitswelt sein.

Nutzung von KI-Werkzeugen

Grundkenntnisse im Umgang mit gängigen KI-Plattformen und -Werkzeugen können helfen, besser mit Technologieteams zu kommunizieren und die Möglichkeiten und Grenzen verschiedener Ansätze zu verstehen.

KI-Anwendungsfelder erkennen und bewerten

Mitarbeiterinnen und Mitarbeiter sollten in der Lage sein, Geschäftsprozesse und Herausforderungen zu identifizieren, die von KI-Anwendungen profitieren könnten.

Modellüberwachung und -pflege

Ein Verständnis dafür, wie KI-Modelle im Laufe der Zeit überwacht, aktualisiert und gepflegt werden müssen, ist entscheidend für ihren langfristigen Erfolg.

Kommunikationsstrategien für KI

Da KI oft schwer zu verstehen ist, werden Fähigkeiten zur Wissensvermittlung und zum Umgang mit Skepsis oder Widerstand innerhalb der Organisation immer wichtiger.

Agiles Projektmanagement mit KI-Fokus

Traditionelle Methoden des Projektmanagements stoßen bei KI-Projekten oft an ihre Grenzen. Ein Verständnis für agile Methoden, die eine schnelle Anpassung an neue Erkenntnisse und Technologien ermöglichen, ist daher von Vorteil.

9.4 Aufbau neuer Jobprofile

Die Integration von künstlicher Intelligenz in Unternehmensprozesse wird neue, spannende Rollen und Aufgaben hervorbringen. Hier einige Rollenbeschreibungen, die Unternehmen in den kommenden Jahren prägen werden. Die Bezeichnungen sind bewusst bildhaft beschrieben.

KI-Dirigent(in)

Diese Person ist dafür verantwortlich, das »Orchester« der verschiedenen KI-Systeme und Datenströme zu dirigieren. Wie ein Dirigent in einem Orchester sorgen KI-Dirigenten und KI-Dirigentinnen dafür, dass alle Algorithmen und Modelle harmonisch zusammenarbeiten. Sie koordinieren die Aktualisierung, das Training und die Implementierung neuer Modelle.

KI-Ethiker(in)

Diese Rolle kann als das Gewissen des Unternehmens betrachtet werden. KI-Ethiker und KI-Ethikerinnen bewerten die Auswirkungen von KI-Modellen auf die Gesellschaft und den Einzelnen. Sie stellen sicher, dass ethische Richtlinien eingehalten werden, um Diskriminierung, Voreingenommenheit und andere negative Auswirkungen zu minimieren.

Neue Jobprofile

KI-Dirigent(in)
KI-Ethiker(in)
KI-Trainer(in)
KI-Psychologe/Psychologin

Datenflüsterer

Diese Expertinnen und Experten haben die Fähigkeit, scheinbar unwichtige Datenmuster zu erkennen und ihre Bedeutung für das Unternehmen zu interpretieren. Sie »hören« sozusagen in die Daten hinein und können daraus Empfehlungen für Geschäftsentscheidungen oder Modellanpassungen ableiten.

KI-Trainer(in)

Wie im Sporttraining arbeiten KI-Trainerinnen und KI-Trainer daran, die »Fitness« der Algorithmen zu erhalten oder zu verbessern. Sie sind darauf spezialisiert, Modelle durch kontinuierliches Training mit neuen Daten anzupassen und zu optimieren.

Algorithmus-Archäologe/Archäologin

Im Laufe der Zeit können KI-Modelle veralten oder sogar vergessen werden. Algorithmen-Archäologen und -Archäologinnen sind darauf spezialisiert, ältere Modelle und Algorithmen zu untersuchen, um wertvolle

Erkenntnisse oder Bausteine für neue Entwicklungen zu extrahieren.

KI-Kurator(in)

Diese Rolle ist vergleichbar mit der einer Museumsdirektion, die sicherstellt, dass die »Ausstellung« der verwendeten KI-Modelle stets aktuell, relevant und von höchster Qualität ist. KI-Kuratoren und KI-Kuratorinnen prüfen laufend, welche Modelle ausrangiert und welche neuen Technologien in das »Museum« der KI des Unternehmens aufgenommen werden sollten.

Roboterpsychologe/Psychologin

Da KI-Systeme immer komplexer werden, wird es in Zukunft die Rolle von Roboterpsychologen und -psychologinnen geben, die speziell dafür ausgebildet sind, das Verhalten von KI-Systemen zu analysieren und zu verbessern, insbesondere im Hinblick auf die Interaktion mit Menschen.

Diese Rollen sind nicht nur mit Disziplinen wie Datenwissenschaft, Softwareentwicklung oder Ethik verbunden, sondern erfordern häufig interdisziplinäre Kenntnisse und Fähigkeiten. Sie zeigen, dass die Anwendung von KI in Unternehmen eine Teamleistung ist, die Fachwissen aus einer Vielzahl von Bereichen erfordert.

9.5 Was ist schwieriger zu bewältigen? Die technische oder die kulturelle Revolution?

Die Frage, ob die technischen oder die strukturellen und kulturellen Herausforderungen bei der Einführung von KI schwieriger zu bewältigen sind, lässt sich nicht generell beantworten. Es gibt allerdings wertvolle Erkenntnisse aus den Erfahrungen der letzten Jahre im Bereich der digitalen Transformation.

Technische Herausforderungen

Technische Herausforderungen wie die Auswahl des richtigen KI-Frameworks, die Datenbereinigung und -aufbereitung oder die Skalierbarkeit von Lösungen sind nicht trivial. Sie sind jedoch in der Regel gut definiert und es gibt eine Vielzahl erprobter Ansätze und Best Practices zu ihrer Bewältigung.

Strukturelle und kulturelle Herausforderungen

Strukturelle und kulturelle Herausforderungen sind häufig komplexer und weniger greifbar. Ihr Unternehmen muss sich möglicherweise grundlegend weiterentwickeln, um das Potenzial der KI voll auszuschöpfen. Darüber hinaus ist kultureller Wandel oft schwieriger zu bewältigen, da er tief verwurzelte Überzeugungen und Verhaltensweisen betrifft. Hier ist die Komplexität eher sozialer und menschlicher als technischer Natur.

Unterschiedliche Welten in der Unternehmenslandschaft

In den kommenden Jahren werden wir sehr wahrscheinlich auf unterschiedliche Welten in der Unternehmenslandschaft treffen. Einige Unternehmen werden die technischen Herausforderungen meistern, aber an den strukturellen und kulturellen Hürden scheitern. Andere werden einen ganzheitlichen Ansatz verfolgen und sowohl die technischen als auch die organisatorischen Herausforderungen erfolgreich meistern.

»Die Erfahrungen mit der digitalen Transformation lassen vermuten, dass die strukturellen und kulturellen Herausforderungen die größten Stolpersteine sein werden.«

Die technischen Herausforderungen sind komplex, aber lösbar. Die wahren Herausforderungen liegen in der Anpassung der Unternehmenskultur und -struktur, um eine nahtlose Integration von KI zu ermöglichen.

Nur Unternehmen, die diese ganzheitlichen Herausforderungen erkennen und angehen, werden langfristig erfolgreich sein.

10.

Fazit

Ich hoffe, ich konnte in diesem Buch zwei wichtige Punkte deutlich machen. Erstens wird künstliche Intelligenz die Art und Weise, wie Unternehmen funktionieren, radikal verändern. Wir stehen vor der Notwendigkeit, Unternehmensstrukturen neu zu gestalten, bestehende Aufgaben zu automatisieren und neue Kompetenzen zu entwickeln. Der Weg zur erfolgreichen Implementierung von KI in Unternehmen ist weder einfach noch linear, aber er ist notwendig, um im digitalen Zeitalter wettbewerbsfähig zu bleiben.

Zweitens ist es mir wichtig zu betonen, dass KI keine Bedrohung für Unternehmen und Beschäftigte darstellt. KI ist ein Werkzeug, kein Ersatz für menschliche Intelligenz und Empathie.

Werden Jobs oder sogar ganze Berufe verschwinden? Ja. Der Beruf des Kutschers, des Setzers und des Schrankenwärters haben nicht mehr die gleiche Bedeutung wie früher oder sind ganz verschwunden. Das sogenannte Fräulein vom Amt, das manuell Telefonverbindungen hergestellt hat, ist genauso Geschichte wie der Telegrafen-Operator.

Nur, ist das wirklich eine Bedrohung? Aus dem Kutscher wurde der Droschkenfahrer, aus dem Schrankenwärter ein Berufsbild, das heute deutlich mehr Verantwortung hat als früher.

Diese Art von Fortschritt werden wir in den kommenden Jahren sehen. Viele Berufsbilder werden sogar drastisch an Qualität gewinnen, weil zeitaufwendige Routinetätigkeiten der Vergangenheit angehören werden.

Und nicht zuletzt: KI ist ein Werkzeug, kein Ersatz für menschliche Intelligenz und Empathie.

»KI-Technologien haben Vorteile, da sie bestimmte Aufgaben übermenschlich effizient erledigen. Aber sie haben auch klare Grenzen.«

10.1 Fachliches Fazit

Unternehmen, die den Wandel strukturiert und nach den Prinzipien der KI-Roadmap angehen, werden in den kommenden Jahren die einzigartige Chance haben, das volle Potenzial dieser disruptiven neuen Technologien auszuschöpfen. Sie werden in der Lage sein, Geschäftsprozesse zu optimieren, bahnbrechende Produkte und Dienstleistungen zu entwickeln und letztlich einen nachhaltigen Wettbewerbsvorteil zu erzielen.

In einer sich schnell verändernden Welt bietet die KI-Roadmap einen strukturierten und verständlichen Leitfaden. Es ist ein Wegweiser, um die Herausforderungen der KI zu bewältigen und Chancen erfolgreich zu nutzen. Dabei geht es nicht nur um die Technologie selbst, sondern um die Transformation des gesamten Unternehmens in eine agilere, innovativere und effizientere Organisation.

Ich hoffe, dass Ihnen dieses Buch die Werkzeuge und das Verständnis vermittelt hat, um diese spannende Reise erfolgreich zu meistern. Die KI-Revolution ist da und nicht mehr aufzuhalten. Die Frage ist nicht, ob sie kommt, sondern wie gut Sie darauf vorbereitet sind.

10.2 Persönliches Fazit

Dieses Buch hat meine Arbeit als Autor grundlegend verändert. Es ist mein vierzehntes Buch, aber das erste, das ich in Zusammenarbeit mit einer künstlichen Intelligenz geschrieben habe. Vier Anwendungen haben mir dabei geholfen. Die wichtigste war ChatGPT. Stundenlang habe ich Fragen gestellt, neue Prompts geschrieben, KI-generierte Ergebnisse verworfen oder verändert, eigene Texte umschreiben lassen und mich von Beispielen inspirieren lassen. Gelegentlich habe ich auch Google Bard benutzt.

Sehr hilfreich waren auch die Speech-to-Text-Funktion von Apple sowie DeepL Write, das mich dabei unterstützt hat, Texte zu überarbeiten, den Feinschliff zu machen und nach Alternativen für bestimmte Begriffe zu suchen. Das führt fast zwangsläufig zur Frage aller Fragen.

Wer hat dieses Buch eigentlich geschrieben?

Die Antwort ist ziemlich eindeutig: ich gemeinsam mit mehreren Assistenten. Das Konzept und die Grundideen stammen von mir, die Ausarbeitungen teilweise von der KI. Aber ChatGPT und Google Bard haben das Buch nicht geschrieben. Ich habe nicht gesagt: »Schreib ein Buch über künstliche Intelligenz«, und dann ratterte es heraus. Manchmal waren es Fragmente, die ich im Kopf hatte und die ich von der KI habe ausformulieren lassen. Ein anderes Mal habe ich eine Frage auf unterschiedliche Weise formuliert, bis schließlich ein Ergebnis herauskam, mit dem ich zufrieden war.

Effizienzgewinn durch KI

Natürlich habe ich an Effizienz gewonnen. Für mein erstes Buch habe ich über zwei Jahre gebraucht, für den reinen Text dieses Buchs etwa zwei Wochen. Viel mehr Zeit als für das Schreiben des Buchs habe ich für die Entwicklung der Struktur, des grafischen Konzepts und der digitalen Werkzeuge gebraucht.

Denn auch das ist neu: Zum ersten Mal habe ich nicht nur ein Buch geschrieben, sondern ein komplettes multimediales Konzept entwickelt. Parallel zum Schreiben des Buchs habe ich die KI-Potenzialanalyse inhaltlich ausgearbeitet und in unserer Software umgesetzt. Außerdem habe ich die entsprechenden Workflows zur Umsetzung in unserer Software erstellt. Nebenbei habe ich als Vorstand eine AG gemanagt, Personal- und Vertriebsgespräche geführt, Projekte vorangetrieben, die Entwicklung forciert, die Hauptversammlung organisiert und Keynotes auf mehreren Veranstaltungen gehalten.

Ohne KI wäre das nicht möglich gewesen. Bei meinen früheren Büchern war ich nach zweihundertfünfzig Seiten kreativ so erschöpft, dass ich mich danach oft erst einmal drei Monate vom Inhalt erholen musste. Das ist jetzt anders.

KI verändert die Wissensvermittlung

Im Kleinen ist dieses Buch ein Beispiel dafür, wie künstliche Intelligenz nicht nur Tätigkeiten automatisieren und damit Produktionszeiten beschleunigen wird, sondern wie sich auch die Ansprüche verändern werden.

Früher war es Ausdruck von Kompetenz, einen langen, fundierten Text schreiben zu können. Dieser Herausforderung habe ich mich in meiner Dissertation gestellt, die im gleichen Verlag unter dem Titel »Die Innovationsfähigkeit von Unternehmen« erschienen ist. Heute hingegen ist ein Buch ein kleiner Baustein in einem Gesamtkonzept. Dieses Konzept kann darin bestehen, parallel eine multimediale Akademie aufzubauen, einen

Podcast zu starten, digitale Analysetools oder Software zu entwickeln.

Künstliche Intelligenz wird es uns in Zukunft leichter machen, Texte für die Wissensvermittlung zu erstellen. Aber die Vorstellung, dass sich Bücher in Zukunft von selbst schreiben, greift zu kurz. In Zukunft wird es selbstverständlich sein, dass ein Buch von digitalen Werkzeugen, einem methodischen Gesamtkonzept und einer multimedialen Ausrichtung begleitet sein wird. Buch plus Software plus Akademie.

Das wiederum bedeutet, dass im Bereich von Fachbüchern in Zukunft auch bei Spezialthemen eine neue Qualität der Wissensvermittlung erreicht wird. Es wird einfacher werden, Bücher für bestimmte Zielgruppen in bestimmten Situationen zu schreiben, digitale Tools für die Inhalte dieser Bücher zu entwickeln und damit Zielgruppen zu gewinnen. Und das ist gut so.

Wie oft habe ich mich früher durch ein schwer verständliches Fachbuch gequält und dann versucht, die Inhalte anzuwenden. Statt eines dicken Wälzers hätte ich mir eine Anleitung gewünscht, die mir die Inhalte Schritt für Schritt vermittelt. Und Werkzeuge, mit denen ich das Gelernte direkt umsetzen kann.

Dieser Anspruch an Wissen, weg vom Theoretischen, hin zum praktisch Verwertbaren, wird in den nächsten Jahren massiv zunehmen. Und das auch bei Spezialthemen, für die es heute noch nicht einmal verständliche Publikationen gibt. Das ist eine gute Entwicklung. Bei all den Gefahren, die im Zusammenhang mit künstlicher Intelligenz öffentlich diskutiert werden, ist das einer der besten Trends, die ich sehe.

Literaturliste

Julia Beil und Christian Mayer (2023): 50 Jobs, die sich durch KI verändern werden. https://www.handelsblatt.com/karriere/kuenstliche-intelligenz-50-jobs-die-sich-durch-ki-veraendern-werden/29222126.html, abgerufen im September 2023.

Biosensor Smart Necklace kann Gesundheitszustand durch Schweiß messen. https://www.analytica-world.com/de/news/1177032/biosensor-smart-necklace-kann-gesundheitszustand-durch-schweiss-messen.html, abgerufen im September 2023.

CBS 60 Minutes. The AI revolution. Google's developers on the future of artificial intelligence. https://youtu.be/880TBXMuzmk, abgerufen im September 2023.

Deutsche Gesellschaft für internationale Zusammenarbeit: FAIR Forward – Künstliche Intelligenz für alle. https://www.giz.de/fachexpertise/html/61982.html, abgerufen im September 2023.

Digitalisierung der Wirtschaft in Deutschland – Digitalisierungsindex 2020. https://www.de.digital/DIGITAL/Redaktion/DE/Digitalisierungsindex/Publikationen/publikation-download-zusammenfassung-ergebnisse-digitalisierungsindex-2020.pdf, abgerufen im September 2023.

Philipp Hähne (2023): Studie: Generative KI kann zum Produktivitätsbooster werden. https://www.mckinsey.de/news/presse/genai-ist-ein-hilfsmittel-um-die-produktivitaet-zu-steigern-und-das-globale-wirtschaftswachstum-anzukurbeln, abgerufen im September 2023.

Dr. Jens-Uwe Meyer (2022): reset. Wie sich Unternehmen und Organisationen neu erfinden. BusinessVillage, Göttingen.

Dr. Jens-Uwe Meyer (2017): Digitale Gewinner. Erfolgreich den digitalen Umbruch managen. BusinessVillage, Göttingen.

Dr. Jens-Uwe Meyer (2017): Die Innovationsfähigkeit von Unternehmen. Messen, analysieren und steigern. BusinessVillage, Göttingen.

Dr. Jens-Uwe Meyer (2017): Digitale Disruption. Die nächste Stufe der Innovation. BusinessVillage, Göttingen.

Millersche Zahl. https://de.wikipedia.org/wiki/Millersche_Zahl, https://de.wikipedia.org/wiki/Millersche_Zahl, abgerufen im September 2023.

Maximilian Sachse (2023): Die große Bonanza mit Künstlicher Intelligenz, 11. April 2023, https://www.faz.net/aktuell/wirtschaft/schneller-schlau/chatgpt-keine-internetanwendung-wuchs-je-so-schnell-18799756.html, abgerufen im September 2023.

Reset

Dr. Jens-Uwe Meyer
Reset
Wie sich Unternehmen und Organisationen neu erfinden
1. Auflage 2022

264 Seiten; 24,95 Euro
ISBN 978-3-86980-635-8; Art.-Nr.: 1144

Wann kommt die Zukunft? Sie ist da! Trends wie die digitale Transformation, Nachhaltigkeit und der demografische Wandel sind seit mehr als zehn Jahren bekannt. Doch jetzt sind sie Realität. Jeder einzelne Trend wäre bereits eine Revolution in sich. Doch die drei Treiber verstärken sich gegenseitig: Aus dem Wandel wird der Turbowandel. Bis zum Ende des Jahrzehnts entsteht eine vollkommen neue Wirtschaft. Alles kommt auf den Prüfstand: Produkte, Geschäftsmodelle, Lieferketten, Marketing und Vertrieb, Produktion und Logistik. Ganze Branchen werden radikal durchgeschüttelt. Am Ende wird kein Stein mehr auf dem anderen geblieben sein.

Wie können Unternehmen, Verbände, Organisationen und die Gesellschaft diesen radikalen Wandel erfolgreich bewältigen? Durch eine hocheffektive Denk- und Managementtechnik: Den Reset. Setzen Sie alles immer wieder auf null! So, wie Sie einen Computer neu starten, wenn er langsamer reagiert. Durch einen Reset können aus Unternehmen, die lange Zeit als träge und behäbig galten, Verwandlungskünstler werden. Teams werden agiler und kreativer. Und Sie selbst können sich genauso schnell verändern wie die Märkte um Sie herum.

In seinem neuen Buch beschreibt Erfolgsautor Dr. Jens-Uwe Meyer (»Digitale Gewinner«, »Radikale Innovation«, »Digitale Disruption«), wie Teams, Organisationen und Unternehmen bislang unlösbare Konflikte durch einen Reset bewältigen können.

Sein Versprechen: Durch einen regelmäßigen Reset werden Sie, Ihr Team und Ihr Unternehmen zu den Gewinnern des Turbowandels gehören.

www.BusinessVillage.de

Das Design humaner Unternehmen

Bettina Hoffmann-Ripken, Andrea Barrueto
Das Design humaner Unternehmen
Organisationsentwicklung jenseits von Mythos und Harmoniefalle
1. Auflage 2023

330 Seiten; 39,95 Euro
ISBN 978-3-86980-712-6; Art.-Nr.: 1160

Die Herausforderungen der vierten Industrialisierung, aber auch Konzepte wie New Work und Agilität machen eine umfassende Transformation auf organisatorischer Ebene notwendig. Damit das gelingt, brauchen Unternehmen eine Kultur der Menschlichkeit.

Wie kann eine nachhaltige und ganzheitliche Transformation von Organisationen gelingen, die letztlich auch eine Grundlage für agile Arbeitsformen bietet? Was bedeutet es, wenn Organisationen Menschlichkeit zu ihrem Kulturprinzip machen? Wie kann diese Kultur entwickelt werden?

Antworten darauf liefert Hoffmann-Ripkens und Barruetos Buch. Es betrachtet die Herausforderungen der Kulturentwicklung in Organisationen im Kontext von Werten, Mindset und Haltung. Gekonnt löst es den scheinbaren Widerspruch zwischen unternehmerischem Interesse und Menschlichkeit auf. Denn Menschlichkeit ist die Basis auf der sich die viel beschworenen neuen Arbeitsformen erst entfalten können.

Mit ihrem Modell der Menschlichkeit liefern die beiden Autorinnen eine Handlungsanleitung, wie konkret und pragmatisch eine Unternehmenskultur entwickelt werden kann, in der Menschen sich sowohl gesehen und wahrgenommen fühlen als auch gefordert und gefördert werden.

www.BusinessVillage.de